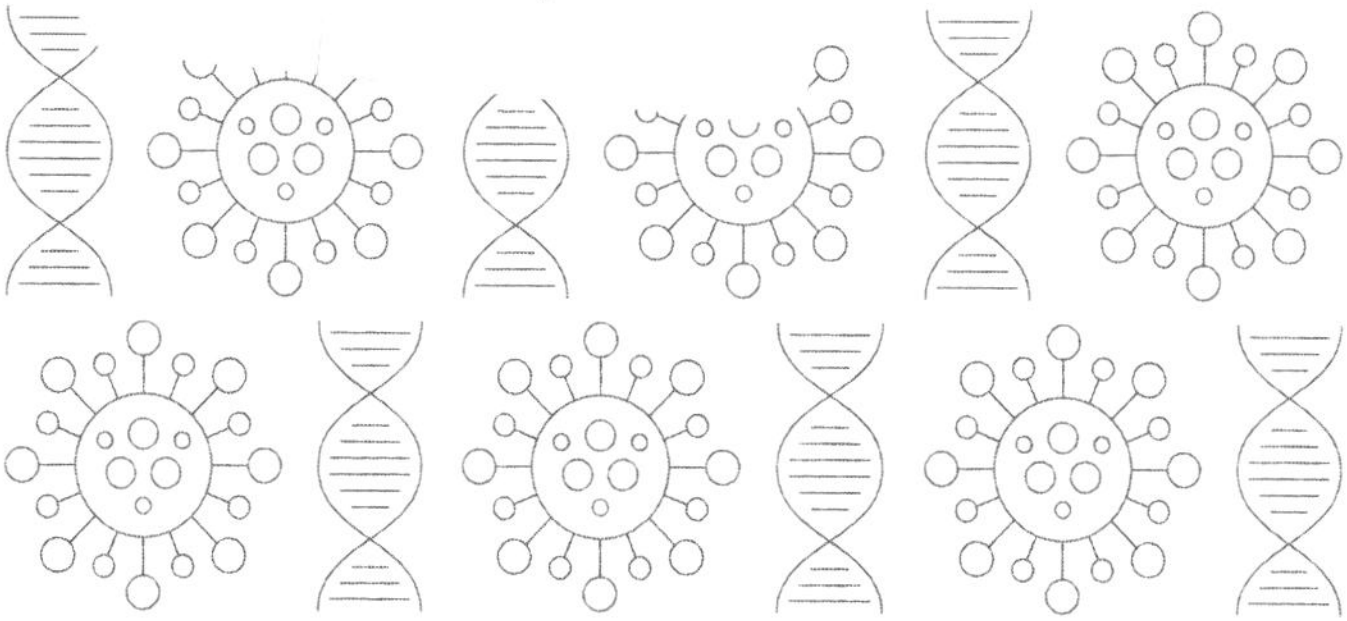

ウイルスは「動く遺伝子」

コロナウイルスパンデミックから見えてきた、新しい生命誌のあり方

中村桂子

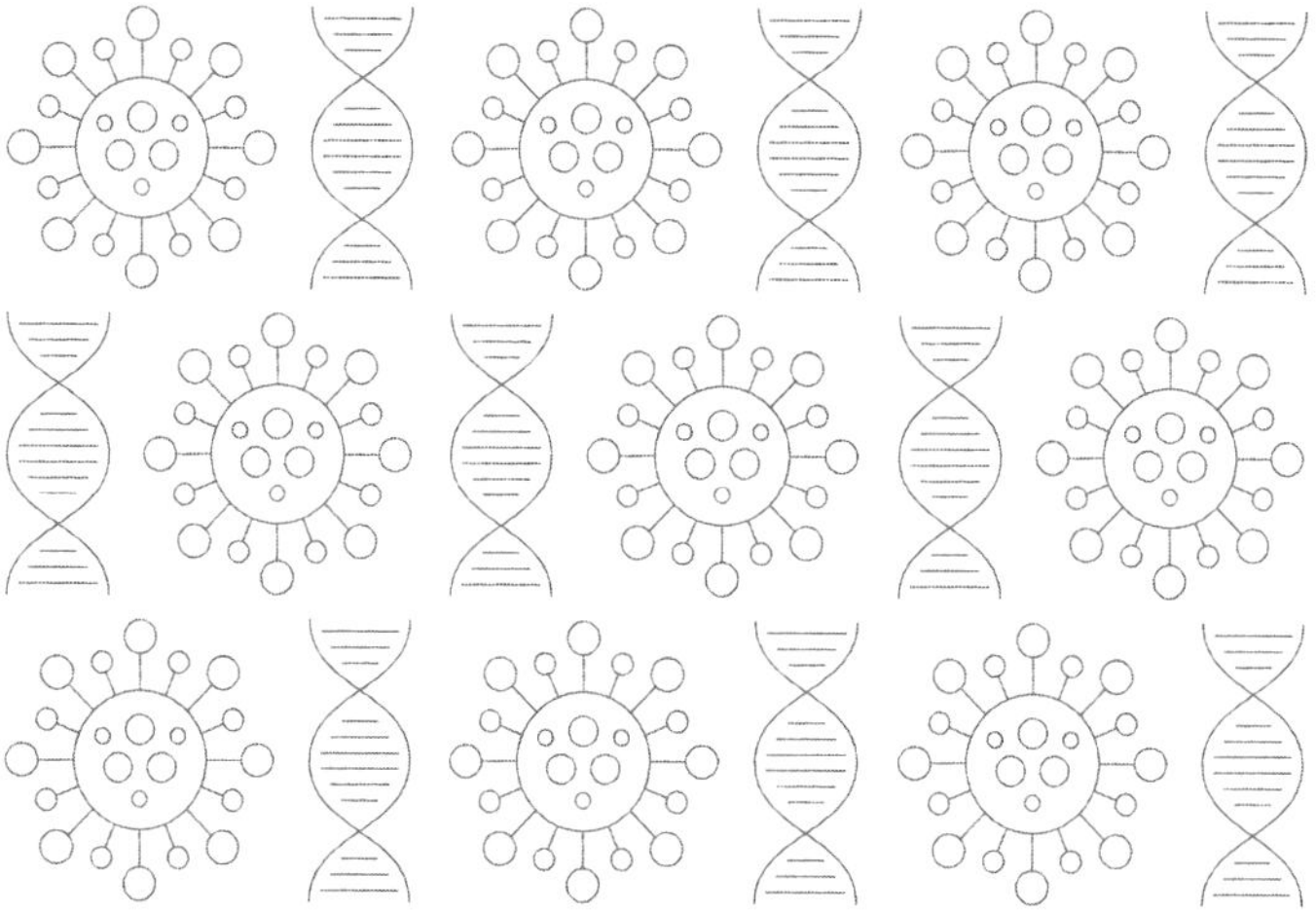

X-Knowledge

序章

コロナ禍での気付き

3年4か月の間、毎日ニュースに登場し、私たちの日常を大きく変えた新型コロナウイルスでしたが、2023年5月に「新型インフルエンザ等感染症」(いわゆる2類相当)としての特別扱いから、これまでの季節性インフルエンザと同じ5類になりました。

具体的には、マスクの着用は、すべて自分で判断することになり、感染時の外出制限も緩和されました。徐々に日常を取り戻しつつあると言ってよいでしょう。とはいえ、感染は完全に収まったわけではなく、また大きな感染の波が現れないという保証はありません。

このウイルスとの付き合い方、さらに広げてウイルスというものとの付き合い方が分かっているのかと言われると、自信がないというのが正直なところです。一時的な大騒ぎではなく、私たちの暮らし方として、この3年を超す体験から学ぶことは何か。よく考える必要があるのではないでしょうか。

「新型コロナウイルス」という言葉を初めて聞いたのは、2019年の暮れのことでした。中国の武漢で新しいウイルスの感染症が見られたと、世界保健機関（WHO）に報告があったのです。その後、あっという間に世界中に感染が広がり、日本では2020年1月20日に横浜港を出港したクルーズ船、ダイヤモンド・プリンセス号から話が始まりました。それ以来、新型コロナウイルスという言葉を聞かない日はなくなりましたが、新型ってどういう意味だろう、コロナウイルスってどういうものか、そもそもウイルスって何？と考えると、知らないことばかりです。

私は生命科学を勉強しましたので、ウイルスの存在は知っていましたが、今回のパンデミック（世界的大流行）を体験し、日常と関連づけてウイルスのことを考えてこなかったことに気付きました。まさか身の回りでこんなことが起きるとは思ってもいなかったのです。

3年以上付き合ってきた新型コロナウイルス（あまり付き合いたくないと思いながらでしたけれど）を含め、ウイルスとは何かを考えることが、これからの生き方にとって大事と分かりました。

コロナウイルスとは、テレビに映し出される顕微鏡写真でお馴染《なじ》みの、周囲に太陽のコロナのような突起が見られるために付けられた名前です。風邪と呼ばれる症状はさまざまな原因で起きますが、そのなかにはコロナウイルスで起きるものもあります。

魚といっても、タイもあればアジもある、メダカだって魚……とさまざまな種類があるように、ウイルスもさまざまであり、コロナはその一つです。しかも、コロナウイルスにも何種類もあるのです。アジにも、マアジやシマアジがあるのと同じです。

後でゆっくり説明しますが、ウイルスは生きものの細胞の中に入らなければ増えることができません。入る生きものを「宿主《しゅくしゅ》」というのですが、コロナウイルスには大きく分けて2種、野鳥を宿主とする仲間とコウモリを宿主とする仲間がいます。

コウモリのような野生の宿主はコロナウイルスに感染していても、何の症状もないのですが、同じウイルスがヒトに入ると、さまざまな疾患を引き起こし、死に至ることさえあるのですから厄介《やっかい》です。

実は21世紀に入って、すでに二度もコロナウイルスの仲間がヒトに感染する事態が起きています。幸い二度とも日本には入ってきませんでしたので、日常の話題にはなりませんでしたが、専門家の間では大きな問題になっていたのです。現在進行中の新型コロナウイルスも入れて、20年ほどの間に3回も流行を起こしているのですから、これまでの歴史を考えてもとても高頻度です。なぜ今こんなことが起きたのか。研究者に与えられた課題です。

二度のコロナウイルス感染症はSARS、MERSと呼ばれます。SARS（重症急性呼吸器症候群）は2002年に中国広東省で最初に見られ、WHOが国際共同研究を立ち上げてウイルスの分離と遺伝子解析をし、サルでの感染事例などからこれが新しいコロナウイルスだと分かりました。

このような対応の成果もあり、29の国と地域に広がったものの患者数は8000人ほど、一割弱の方が亡くなるという規模で収束した時には皆がホッとしました。ヒトへの感染源は、中国の野生動物市場で扱われていたハクビシンだろうと言われています。

次のＭＥＲＳ（中東呼吸器症候群）ウイルスは、名前が示すように中東のサウジアラビアで見出され、これも新しいコロナウイルスと分かりました。コウモリにいたウイルスが、ラクダを通して人間に感染したのだろうとされています。

その後、中東から帰国したヒトから広がった韓国での感染者も含めて、２６００人ほどの感染で一応収まりましたが、致死率が30％ほどもある怖い病気です。

このような形で、21世紀になって、新型のコロナウイルスが突如現れることがあるので留意しなければならないという認識と、それへの対処法に関する知識は、ウイルス感染の専門家の間にはあったのです。

ただ、日本にはSARS、MERSのウイルスが入ってこなかったために、「エマージング（突如出現する）ウイルス」によるパンデミックの体験は、今回の新型コロナウイルス感染症（ＣＯＶＩＤ‐19）が初めてです。

しかも今回は、SARS、MERSに比べて大規模であり長期間です。なぜ今こんなことが起きることになったのか。

私たちは、日々自分たちがつくった機械に囲まれて暮らしているために、物事は自分たちの思い通りに動くもの、支配できるものと考える社会をつくってきました。でも自然は、いつだって思いがけないことばかりであり、その思いがけなさにどう対処するかが「生きること」だと言っていいのではないでしょうか。このようなことにつながる原因を探り、パンデミックへの適切な対処を考え、できるだけそれが起きないようにするにはどうしたらよいかと考える必要があります。それは、私たちの生き方、暮らし方を問うことになるでしょう。

新型コロナウイルス感染症パンデミックは、すでに3年以上続き、思い通りの暮らしができずにいますから、「ウイルスなどいなければいい」と敵視し、現代社会がもっている「支配の感覚」から、これと闘って撲滅《ぼくめつ》し、勝利しようと考えがちです。

けれども、生きものの世界を見れば、そこからウイルスがいなくなることはないと考えざるを得ません。これから追い追い語っていきますが、ウイルスは私たち人間がこの世に登場する以前から存在しており、自然界でそれなりの役割をしているのです。

これを機会に、ウイルスを知り、さらにはウイルスを通して自然界のありようを知り、その中での私たち人間の生き方を考えてみるのが、ウイルスとの賢明な付き合い方だと思います。

お付き合いをするからには、相手を知らなければなりません。「ウイルスって一体なぁに？」と基本から問うてみると、ウイルスを病原体としてだけ見ているのとは違う興味深い面が見えてきます。

生きものの歴史を知り、そのなかでの人間の生き方を考える「生命誌」が、私の専門ですが、実はこれまでこのなかにウイルスを位置付けることをしてきませんでした。ウイルスは自分だけでは増えることができませんので、生きものとは言えませんが、生きものと深く関わり合っており、「生命誌」はウイルスなしでは語れないことに今回気付きました。

ウイルスに注目する生命誌を考えなければいけないことが分かったのです。

序章 コロナ禍での気付き 2

第1章 新型コロナウイルスの衝撃 17

生きものの世界は思いがけないことばかり 18

ウイルスの入った「生命誌絵巻」 22

1 多様性 24

2 共通性 26

3 すべての生きものは40億年の歴史をもつ 27

4 人間が絵巻の中にいる 28
感染症の歴史を辿る 29
天然痘根絶宣言 32
HIV (Human Immunodeficiency Virus) 39
エマージング・ウイルス 43
家畜に感染するウイルス 47
人間と動物の健康には深い関係がある 48
自らが責任をもって関わり合う 52
新型コロナウイルスを「知る」と「分かる」 56

第2章 ウイルスを分かるために 65

ウイルス研究の始まり 66

ウイルス仲間に登場してもらおう　70
ＤＮＡが遺伝子であることを教えてくれたバクテリアに感染したウイルス「ファージ」　73
ＲＮＡを遺伝子とするＲＮＡウイルス　78
細胞の中でのＲＮＡの役割　79
ウイルス感染で起きること　84
ＤＮＡウイルスとＲＮＡウイルス　84
ＲＮＡウイルスは変異しやすい　87
ウイルスで起きる炎症　89
ＲＮＡウイルスの中の特別な仲間「レトロウイルス」　90

第3章　ウイルスは「動く遺伝子」　101

ウイルス感染症から見えてくるウイルスの本質　102

「動く遺伝子」という言葉を素直に受け止める　102
私たちのゲノムの中にあるウイルスの足跡　107
ウイルスは「動く遺伝子」であることを再確認する　112
動く遺伝子はウイルスだけではない　116
トウモロコシで見つけた動く遺伝子「トランスポゾン」　116
細胞間を動く遺伝子「プラスミド」　120
悩ましい存在―巨大ウイルス　128
ウイルスはどこから来たのか　135

第4章　ウイルスと人間　137

ウイルスとどう付き合うか　138
ウイルスと腫瘍　140

ライフサイエンスの誕生から生命誌へ　148
研究から見えてきたウイルスの意味と感染の問題　158
生命科学が可能にしたウイルスへの対応　162
ゲノムが解析できたこと　164
ＰＣＲ検査と抗原・抗体検査　166
ワクチン——特にｍＲＮＡワクチンの活躍　170
ワクチンがあっても　181
免疫の重要性——体は複雑　187
ウイルスでがんを治す　193

第5章　新型コロナウイルス感染症　パンデミックの体験を生かして　197

一人ひとりが思いきり生きる　198

科学と日常 200
つながっていること 205
共生が基本 207
心をもつ存在としての共感 209
人間は生きものという基本 212
生きものとしての人間の特性——共感に注目 214
共感を生かす二つの方法 218
地域を基盤に組み立てる社会 219
私たち生きものの中の私 222

第6章

日常を考える

229
私たちは駒ではない 231

複雑で面倒な問題 234
小さいことが大切 238
小さなまとめ 239
あとがき 240

装丁 田中俊輔
本文デザイン 齋藤ひさの
編集協力 片岡理恵、若林功子
イラスト さいとうあずみ
協力 JT生命誌研究館
編集 加藤紳一郎
印刷 シナノ書籍印刷

第1章

新型コロナウイルスの衝撃

生きものの世界は思いがけないことばかり

「2020年1月20日に横浜港を出港したクルーズ船、ダイヤモンド・プリンセス号に乗り、25日に香港で下船した80代の男性が、新型コロナウイルス感染症に罹患《りかん》していたことが、2月1日に確認された」というニュースを聞いた時は、それほど大変なことが起きたとは思いませんでした。

けれども、その後、横浜に戻ってきたクルーズ船の乗客の中で、発熱や呼吸器症状を呈している人が31人おり、その中に新型コロナウイルスに感染している人が10人発見されたことが明らかになる頃から、何だか面倒なことが起き始めたなと思うようになりました。ニュースで新型コロナウイルスという言葉を聞いた時のことを思い出して、横浜港の話から始めましたが、今ではよく知られているように、このウイルス感染の始まりはこの時ではありません。

2019年12月に、中国武漢でこれまであまり見たことのないタイプの肺炎患者2人から、新型コロナウイルスが検出されました。そこで、コロナウイルスの研究でよく知られている疫学者、シー・ジョンリー（石正麗）が武漢に呼ばれ、同定《どうてい》（同一であることを決めること）が進められました。

実は中国では、2002年から2003年にかけて、SARS（重症急性呼吸器症候群）に8100人が罹患し、800人近くが亡くなるという体験があり、この病原体がSARSコロナウイルスでした。

そこで中国の専門家は、同じ仲間のウイルスによる感染症には、すぐに対処しなければならないという緊張感を持っていたのです。

日本でSARSが起きなかったのは幸いでしたが、感染症への関心が生まれなかったことで、新型コロナウイルスに対して、当初はあまり怖さを感じなかったように思います。

ところで、コロナウイルスの専門家であるシー・ジョンリーは、新型コロナウイルスの同定後、「こんなことが武漢で起こるなんて思いもしなかった」と言っています。

本来コウモリの中にいたウイルスが人間に感染するようになるとしたら、中国の南部、つまり亜熱帯地域しかないと思っていたと言うのです。専門家の常識に基づく予測ははずれたわけで、生きものの世界は思いがけないことばかりなのです。
それからの3年間、私たちは思いがけないことに出合い続けてきたように思います。

私が子どもの頃は、病気といえば感染症を思い浮かべました。小さな子どもたちが赤痢《せきり》や百日咳《ひゃくにちぜき》などで亡くなり、はしかや天然痘《てんねんとう》も身近な病気でした。病原体であるバクテリア、ウイルス、寄生虫、真菌《しんきん》などが体の中に入って悪さをするのが感染症です。けれども、結核などバクテリアの感染症は抗生物質による治療、ウイルス感染症などはワクチンを用いた予防が普及し、公衆衛生の改善で寄生虫は日常から消えて、感染症への対処はできるようになったというのが、一般的な受け止め方になってきました。少なくとも日本を含めて科学技術の発達した国では、感染症はいわゆる風邪くらいで、2、3日休めば回復する病気と考えられるようになりました。

私は生命科学を学びましたので、ウイルスについては勉強し、生命とは何かを考えるにあたって、とても興味深い存在としてウイルスに関心を持ってはいました。また、がんウイルスやエイズウイルスなど、病原体としてのウイルスの特殊性その他について考えてもきました。それでも、感染を身近な問題として考えることはありませんでした。日本にこのような形で新しいウイルスが登場し、21世紀という時代にパンデミックが起きるとは思ってもいなかったのです。

２０１１年3月11日に発生した東日本大震災の津波で、東京電力福島第一原子力発電所の事故が起き、多くの科学者、技術者が「想定外」という言葉を発した時、とても不遜《ふそん》な言葉と感じたことを思い出します。

自然界ではいつも思いがけないことが起きるのだと思わなければいけないのに、機械の世界に慣れてしまい、人間は何でも知っており、思うがままに事を進められるという驕《おご》りからくる言葉だと思ったからです。

でも、新型コロナウイルスでは、正直考えてみたこともない状況となり、「えっ、こんなことが起きるんだ」と驚きました。考えてみれば、起こり得ることが起きているのですが、これに出合うことを意識してはいなかったと思わざるを得ません。

頭の理解と生活感覚の間にはギャップがあるのだと、強く感じました。

科学の知識が増えれば増えるほど、知識と日常のギャップは大きくなります。

「生命誌」では、知識と日常をつなげることを大事にしています。でも、実際にウイルスによるパンデミックを体験し、それは難しいことなのだと実感しました。難しいから仕方がないではなく、やはり知識を日常とつなげるよう、ウイルスについて考えていこうとするのが本書です。

自然界は複雑で、予測不能だからこそ興味深いのですから、予測できないことをマイナスと捉えず、生命誌のなかのウイルスに正面から向き合ってみようと思っています。「生命誌のなかのウイルス」を考えると、まず新型コロナウイルス・パンデミックをどう受け止めるかが見え、さらにはウイルスとは何かということが見えてくるはずです。それはおそらく私たちの世界観（価値観）、これからの生き方に、大事な示唆を与えてくれるに違いありません。

ウイルスの入った「生命誌絵巻」

生命誌は「人間は生きものであり、自然の一部」ということを基本に置き、社会システム、科学技術など、私たちの生き方をすべてそこから考え始める「知」です。
人間は生きものであるとは、誰でも分かっていることですが、現在の社会システムや科学技術が、それを基本につくられてはいないために環境問題などが起きています。ただ当たり前のこととして、「人間は生きものだ」と言っているだけでは、その現実を変えることはできませんので、生命科学が明らかにしてきた科学的事実を踏まえて「人間は生きもの」という言葉の内容を確認します。

生命科学は、約50年前に始まった学問ですが、この短い間に急速に進歩を遂げ、たくさんのことを明らかにしましたので、それを知ることは重要です。


すべての生きものは、細胞でできています。

地球上にいる生きものは、175万種類。これは教科書に載っている数であり、ギリシア時代から何千年もかけて、世界中の人々が調べて、名付けた生きものの数です。実際には、少なくとも数千万種類はいるだろうと言われています。既知の生きものは数パーセント程度と考えてよさそうです。

近年、地球の研究が進むにつれて、熱帯雨林に多様な生物が見つかりました。南極の氷の下にある湖の中、地下のマグマに近い部分にまで、微生物が存在することが分かりました。深海に潜ってみると大変な高圧で、光の届かない暗黒の世界にもさまざまな生きものがいることが分かってきました。新種が次々と発見されている様子がテレビで放映されるなど、深海はこれから調べることのたくさんある魅力的な世界となってきました。

鳥、魚、哺乳《ほにゅう》類、爬虫《はちゅう》類、両生《りょうせい》類などの脊椎《せきつい》動物、昆虫や甲殻《こうかく》類、軟体動物などの無脊椎動物。植物や菌、藻類や原生動物、さらにはバクテリア……。こんなにも多種多様な生きものがいる地球は、楽しく、豊かな惑星です。

ここで、生命誌の考え方を表現している「生命誌絵巻」を見て、基本の基本となる4つの事実を確認します。

1 多様性

扇の天の部分には、数千万種いるとされる生きものの中からいくつか身近なものを描きました。生きものは多様化への道を選ぶことによって存在し続けたのであり、多様でなかったら、おそらくすでに絶えていたでしょう。

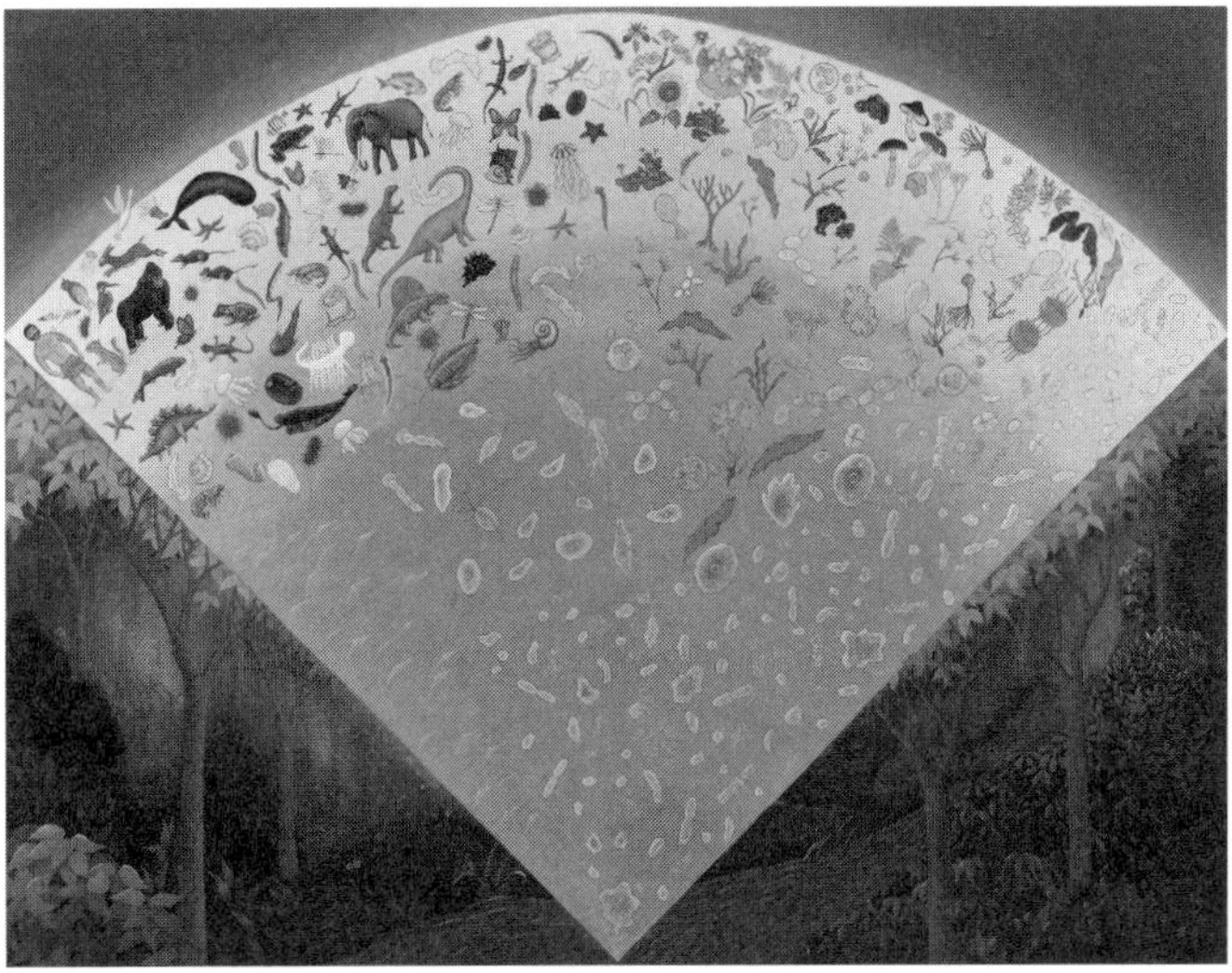

図1 「生命誌絵巻」

扇の要は、地球上に生命体が誕生したとされる40億年ほど前。以来、多様な生物が生まれ、扇の縁、つまり現在のような豊かな生物界になった。多細胞生物の登場、長い海中生活の後の上陸と種の爆発など、生物の歴史物語が読み取れる。

原案：中村桂子／協力：団まりな／
絵：橋本律子／提供：JT生命誌研究館

2 共通性

多様性は誰にでも見えますが、実はその底に共通性があることを生命科学が明らかにしました。生きものはすべて細胞でできており、そこには必ず遺伝子の役割をするＤＮＡが入っています。それは、すべての生きものが、40億年ほど前に生まれたＤＮＡをもつ細胞を共通祖先とし、そこから進化してきたことを示しています。つまりすべての生きものが祖先を一つにする仲間なのです。

最初の細胞がどこでどのようにして生まれたかはまだ分かっていませんが、目下研究中であり、そう遠くない将来に分かってくるだろうと期待しています。近年、小惑星にアミノ酸が存在することが分かり、生体物質は広く宇宙に存在すると考えられるようになりました。そこで生命体は宇宙からやってきたとする人もありますが、私はおそらく地球の海で生まれたのだろうと思っています。とにかく、すべての生きものの共通祖先となる細胞が、40億年ほど前の海中にいたことは分かっており、そこからすべての生きものが生まれたのです。共通性をもちながら多様になることで、生きものは続いてきました。共通でありながら多様という姿が、生きものの生きものらしさを支える大事なありようです。

3　すべての生きものは40億年の歴史をもつ

現存の生きものには、必ずその親にあたる存在があり、親を辿《たど》っていくと40億年ほど前の祖先細胞にまで戻ります。つまり、すべての生きものには40億年の歴史があり、しかも細胞が持つ全ＤＮＡ（これをゲノムと呼びます）を解析すると、それぞれの生きものが40億年かけてその生きものになってきた歴史が読めます。ゲノムには40億年の歴史が書き込まれているのです。

しかもさまざまな生きものの間でゲノムを比べると、生きもの同士の関係を知ることができます。生きものについては、その歴史と関係を知ることが重要であり、しかもそれを科学の方法で読み解けることが分かりました。そこで、生命体の歴史を読み、そこから生命とは何かを考える知として「生命誌」を考えたのです。

このようにして見えてくる生きものはそれぞれ独自の存在であり、お互いの間に上下関係はありません。かつて存在した高等動物、下等動物という言葉は、ゲノムを切り口にして見た生物界には存在しません。差異はあるけれど差別はないというのが、すべての生物の間に見られる関係です。

4　人間が絵巻の中にいる

当然、人間（ヒトという生きもの）はこの絵巻の中にいます。ここで、わざわざこれを言う理由は、現代社会では、人間は扇の外、しかも上の方にいると考えて行動しているからです。自然の外から自然を操作しているつもりになっています。生物多様性を外から眺めて保全を考えるという現在のやり方では、持続する社会をつくるのは難しいでしょう。私はこれを「上から目線」と呼びます。人間も生きものの一つとして、自然の中にいる存在として社会をつくっていくことが不可欠です。「中から目線」です。

ここでウイルスはどこにいるかを考えます。絵巻を描いたとき、ウイルスを意識してはいませんでした。そもそもウイルスは生きものではありませんから。けれども、絵巻の中に描いてある生きものには、それに感染するウイルスがいますので、生きものが描いてあれば、そこにウイルスがいることになります。

そこでこれからは、絵巻全体、つまり生きもののいるところには、必ずウイルスがいることを忘れずに、絵巻を見ることにします（この文を書きながら気付いたことがあります。生物がいると言うのと同じようにウイルスも「いる」と言うことです。物だったら「ある」

です。ウイルスは生きものではないと思いながらも、ウイルスがあるとは言いません。「いる」です。これぞウイルスの微妙な立ち位置を示していると言えましょう）。

感染症の歴史を辿る

ウイルスは肉眼では見えませんし、通常の顕微鏡でも見えません。それだけでも扱いにくいのに、ウイルスはなかなかしたたかで、分かりにくいものなのです。

そこで、普通の暮らしの中でのウイルスの登場場面を考えると、風邪が浮かび上がります。風邪にかかったことがない方はいないのではないでしょうか。風邪はウイルス感染症です。

生きている以上、病気は避けられません。誰もが健康には関心がありますから、メディアでの発信にも、医療や健康の情報は多いですね。今は専門家も普通の人も、関心の多くが生活習慣病に集中するようになっています。

がんは気になる病気ですし、高血圧、糖尿病、高脂血症などの薬を飲んでいる人は少なくありません。高齢社会ですから認知症も問題です。

けれど、感染症の話題はほとんどありません。専門家も普通の人も、病気のことを考える時に、感染症を特に心配しなくてもよい社会になっているということです。

ところで、前にも述べましたが、私の子どもの頃は、病気といえば感染症のことを考えました。百日咳は細菌による呼吸器の感染症で、主に子どもがかかります。赤ちゃんが感染すると、命を落とすことも珍しくありませんでした。ポリオに感染して小児麻痺《しょうにまひ》になり、足が不自由になる子もいました。天然痘にかかり顔に「あばた」が残っている人に街で出会うこともありました。

結核は国民病といわれるほど患者が多かった病気で、大学時代の友人にはサナトリウムに入っていた人もいました。結核菌が脊椎に感染して起こる脊椎カリエスに罹患した正岡子規は、文学者として素晴らしい仕事をしましたが、「病床六尺」（『病牀（床）六尺』（子規随筆集）の世界で暮らしていたわけです。

それが今では、感染症を命に関わる重大な病気として捉えない時代になりました。急速に医学が進歩したからです。

始まりは19世紀の終わり頃。感染症の原因が微生物であることが分かったことです。日本人では北里柴三郎が、破傷風菌の純粋培養に成功し、その後ペスト菌を発見するなど、病原菌の研究で重要な役割を果たしました。原因が分かれば対処法が考えられます。

20世紀に入ると、まずワクチンが開発されました。研究が進み、私が子どもを育てた20世紀半ばには、乳児の時に、ジフテリア、百日咳、破傷風の三つの病原菌に対する三種混合ワクチンを打ち、その後、はしか、ポリオ（小児麻痺）など、さまざまなワクチンで感染症予防ができ、安心して子育てができました（今はさらに多くなっています）。

また、結核は抗生物質が発見されたことで、治せる病気になりました。最初に発見されたのはペニシリン（1928年）で、1942年に実用化されました。太平洋戦争中だったため、日本ではすぐには使えず戦後徐々に普及したことが、私の記憶の中にあります。次々と新しい抗生物質が見つかり、医療が変わっていった様子も覚えています。

もう一つは公衆衛生の向上です。とはいえ、高度経済成長期の日本を見ても、まだ公衆衛生が定着しているとは言い難いところがありました。街や公的施設などには、今の若い人たちが見たら驚くような不衛生な状態が見られました。そして、この50年ほどの間に公共空間がとてもきれいになり、清潔な暮らしが当たり前になりました。

ワクチン、抗生物質の活用と公衆衛生の普及によって感染症が減ることで若年層の死亡率が低下し、高齢社会になり生活習慣病が浮び上がってきたのが現状というわけです。

しかし、感染症は消えたのではありません。特にこの本のテーマであるウイルスは難物です。抗生物質は細菌には有効ですが、ウイルスにはこれに匹敵する治療薬はありません。今世界中が新型コロナウイルスに悩まされ、ウイルス感染に関しては「感染症の時代ではない」とは言えないのだということを思い知らされているわけです（感染症としては原虫（マラリヤ）、真菌（ミズムシ）など、さまざまな原因がありますが、ここではそこまで広げずに考えます）。

天然痘根絶宣言

1980年、WHOが天然痘の根絶を宣言しました。

1967年から行っていた天然痘根絶計画がついに成功し、1977年のソマリアでの発見を最後に、世界から天然痘ウイルスはなくなったのです。唯一残っているのは、将来の不測の事態に備えて感染症研究室にある冷蔵庫の中だけ。人類は天然痘を克服したのです。

感染症の根絶は、これが初めてであり、その後も例はありません。

天然痘ウイルスは、ポックスウイルスと呼ばれる仲間で、本来アフリカのネズミの仲間を宿主とするウイルスから始まり、そこからヒトとウシ、ウマ、サルなどに感染するものが生まれました。ウシを宿主とするウイルスは「牛痘《ぎゅうとう》ウイルス」、サルを宿主とするものは「エムポックス」（しばらく前までサル痘と呼ばれていました）であり、これらはヒトにも感染します。

この仲間の一つとして、人間だけに感染するウイルスである「天然痘ウイルス」が生まれました。天然痘ウイルスは、感染力が強く、体内に入ったウイルスが血液を通して全身に広がって増殖し死に至ることも多い恐ろしい存在です。ウイルスの存在が知られていない昔から恐れられていた病気でした。症状としては、顔や手脚に発疹《はっしん》があり痛みがあるだけでなく、幸い回復しても痘痕《とうこん》が残ります。

天然痘といえば、多くの方が、英国の医師、E・ジェンナーによるワクチン開発の話を思い起こされるでしょう。牧場で働いている人が牛痘にかかると、天然痘に似た症状は示すのですが、死には至らないことが知られていました。しかも、牛痘にかかった人は、天然痘にかからないということが分かってきたのです。そこで、あらかじめ牛痘にかかった状態にしようという、現在のワクチンの考え方が生まれました。

なぜワクチンが効くのか、それには私たちが持っている「免疫」という優れた能力が関わっています。免疫は生きることを考えるうえで非常に興味深い現象ですので「ウイルスと人間」というテーマの第4章で考えます。

このような歴史のある天然痘を抑えることができたので「ウイルスは勝てる相手だ」と思ったら間違いです。ほとんどのウイルスはこうはいきません。これが生きものの世界、多様で複雑なのです。

天然痘ウイルスへの対処が見事にできた理由を見ていくと、とてもよい条件が重なっていることが分かります。まず、すでにふれたように、このウイルスは人間にしか感染しません。ですから、人間のなかだけでこのウイルスをなくせば自然界にウイルスはいない状態をつくれますので、皆がワクチンを打てばよいのです。

けれども、多くのウイルスは人獣共通です。ワクチンによって人類の中にはいない状態にしても他の生きものの中で存在します。特に私たちを悩ませている新型コロナウイルスは、いろいろな種に感染することが知られており、対処の難しいウイルスです。しかも、天然痘の場合、ワクチンを一度打てば一生免疫が持続します。現在は「弱毒性ワクチン」、つまり毒性を弱めたウイルスを用いています。

新型コロナウイルスの場合は、mRNAワクチンと呼ばれる今回初めて広く使われた新しい方法で、ウイルスの一部を人工的につくらせたものです。パンデミックを抑えるには、一刻も早いワクチン製造が必要であり、この方法でなければ、これほど早い対処はできなかったでしょう。ただ、コロナウイルスの場合、免疫は持続せず、何回も打たなければなりません。すでに、5回も6回も打った方もいるのではないでしょうか。

インフルエンザもコロナウイルスであり、免疫持続型ではありません。しかも変異が起きやすく、毎年流行するウイルスの性質を予測し、それに合ったワクチンを接種しています。天然痘が1回のワクチン接種で一生有効というのは、根絶を可能にした条件の一つです。

天然痘ウイルスは、変異が起きにくいという性質があるのもありがたいことです。後で紹介しますが、ウイルスには遺伝子としてDNAを持つものと、RNAを持つものがあり、天然痘ウイルスはDNA、インフルエンザも含めたコロナウイルスはRNAなのです。しかも、天然痘ウイルスのDNAは大きいということもあって変異が起きにくくなっています。ですから一つのワクチンを使い続けることができるわけで、これはむしろ非常に稀なことなのです。

しかも、天然痘のワクチンは比較的熱に強いという利点があります。新型コロナウイルスのワクチンについて、いずれもかなりの低温で保存しなければならないということが報道されました。たとえばファイザー社の場合、当初はマイナス90℃から65℃という超低温での保存が不可欠とされていました。その後マイナス25℃から15℃で14日間保存できますというところまで緩和されましたが、それでも輸送・保存共に大変です。その条件を満たせずに廃棄されたワクチンも少なくなかったようです。

しかも冷蔵保存の難しい国や地域は、世界にはたくさんありますし、天然痘ワクチンのように冷蔵保存ができなくても大丈夫というのは、とてもありがたいことです。

天然痘の特徴として、もう一つ、感染したら必ず発症するという性質もあります。しかも、それが長く続くことはなく、亡くなるか、治るかという形になります。死に至ることが少なくないので怖いウイルスですが、社会としての対応はとりやすいことになります。

新型コロナウイルスが面倒なのは、感染しても発症しない人がいて、その人からもウイルスが出ていることでした。自分がその状態でないという保証はありませんから、感染源にならないために常にマスクをしていなければならず、解放感のもてない毎日を過ごす辛さを味わうことになりました。

このように見てくると、天然痘ウイルスが人間にしか感染せず、変異は少なく、必ず発症するので感染拡大が防ぎやすいという性質をもっていたからこそ、根絶できたのだと分かります。ワクチンも効果的で使いやすいものが確立していましたし。

それに対して、新型コロナウイルスはまったく違う性質を示し、ワクチンによる対処も簡単ではないことも見てきました。

地球上にはたくさんのウイルスがいるということをこれから見ていくのですが、天然痘ウイルスのような性質をもっているウイルスはほとんどいません。つまり、簡単にウイルスを撲滅するという未来は現時点では考えにくいのです。

ウイルスはこれからも存在し続けるでしょう。しかも、私たちが生きる自然界、生物界は、ウイルスも含めて存在するものなのであり、ウイルスを病原体としてだけ見るわけにはいきません。そのような存在としてのウイルスを知ることが大切だというのが、これから考えたいことです。

とはいえ、天然痘の事例がきっかけとなって、ワクチン開発による根絶機運が高まり、それが成功しつつある例もあります。ポリオです。1940年代には日本でも小児麻痺の流行が見られたのですが、その後経口《けいこう》での生ワクチン投与を徹底し、根絶できました。近年、アフリカでの根絶が宣言され、現在残っているのはアフガニスタンとパキスタンの2国だけです。近くここでも根絶が期待できる状態だと聞きます。

天然痘や小児麻痺のような重い病気に、世界中の人が感染しない状態をつくれたというのは素晴らしいことで、ワクチンによって一部の国だけでなく世界での根絶ができたということは、人類の歴史として誇れることです。

ただ、根絶したのでもう大丈夫と思って、ワクチン接種を止めると免疫をもたない人が増えてウイルスが復活するかもしれません。そこは気を緩めてはいけません。自然界には絶対の勝者はいないということでしょうか。「常に気をつけて」が、生きものの生き方です。

HIV（Human Immunodeficiency Virus）

天然痘やポリオを巡っての成果から、人間の知性に信頼が生まれる一方で、自然からの挑戦は続き、思いがけないウイルスが登場します。

1983年に最初に発見されたHIV（ヒト免疫不全ウイルス）には本当に驚かされました。感染するとエイズ（後天性免疫不全症候群）を引き起こすことのあるHIVは、それまで知られていなかった思いがけない特徴を二つも持っています。

まず、このウイルスは免疫細胞であるT細胞やマクロファージに感染します。免疫細胞は、外から来るウイルスと戦う細胞です。それなのに、それをやっつけてしまうウイルスがいるなんて。

しかも最初は免疫細胞が壊れても、すぐには何も起きません。ウイルスが増えて、新しく生まれる免疫細胞よりも壊される細胞の方が多くなると、徐々に免疫機能が落ち、感染症にかかったり、悪性腫瘍になりやすくなったりするのです。

生きものの世界は思いがけないことだらけというのがこの本のテーマの一つですが、これもその例です。古今東西のSF小説には、さまざまな病原体をテーマにした作品があります。小松左京の『復活の日』は、英国の細菌研究所がつくり出した猛毒ウイルスをスパイが持ち出し、世界中にバラ撒いたために、他の生きものたちと共に人間も滅びていくというSFの傑作です。とてもよくできています。でも、HIVのような免疫細胞を襲うウイルスが存在するという事実の方が、よりドラマチックで奇想天外に思えるのです。「事実は小説より奇なり」という言葉が浮かびます。小説は小説。想像の楽しさや意味を教えてくれる大好きなものですが、一方で、自然のすごさも感じる。この感覚は大事にしたいと思っています。

もう一つの特徴も興味深いのですが、これは生物学について少し話してからの方が伝わりやすいことですので、説明を後に回します。ここでは一つだけ、感染したウイルスの遺伝情報が細胞のDNAに入り込むことがあるという事実だけ書いておきます（詳細は84ページ）。ウイルスゲノムが私たちのゲノムの中に入っていくのです。

つまり、血液の中にある細胞にHIVの遺伝情報、つまりHIVをつくる能力をもったDNAが入っている人がいるということになります。このような人の輸血を受けた人は、エイズ感染者になるリスクがあります。手術のときや血友病《けつゆうびょう》など輸血を必要とする病気の人への感染は大きな問題ですし、それが実際に起きました。

これをきっかけに、実際に私たちの細胞にあるDNA、つまりゲノムを調べてみたところ、その中にいろいろなウイルスをつくる情報を持ったDNAが入っていることが分かりました。何万年前、何十万年前に感染したウイルスゲノムです。私たちが今もっているゲノムの中には、それが山ほどあるのです。

具体的にパンデミックを体験し、ウイルスは簡単には撲滅できるものではないことが分かってきたところで、「ウイルスと共存する」という言葉を聞くようになりました。これについては後で考えますが、ここでちょっと説明したようにウイルスの遺伝子が私たちのゲノムの中に入り込んでくることもあるという形での共存まで含めてウイルスのことを考えなければならないことが分かってきたのです。これはバクテリアなど他の病原体とは違うウイルスの特徴です。なぜこんなことが起きるのかということも含めて、ウイルスとは何か。ウイルスと私たちの関係はどうなっているのかを考えていかなければなりません。

医療技術を持ち、制度も整っている社会では、感染症は怖くない病気という意識を持ち、ウイルスもコントロールできると思い始めていたところへ、ＨＩＶの登場で、思いがけないことがあると知り、ウイルスについてもっとよく知り、どのように付き合っていくかを考えなければいけないことに気付かされました。

生命科学の研究が進み、ＤＮＡ（遺伝子であり、一つの細胞の中に入っているすべてはゲノムと呼ぶ）のはたらきがかなり分かり、免疫などの生命現象についても分かってきたところで、このような知識を生かしてウイルスのことを考えると、生きものの面白さ、不思議さがたくさん見えてくるので、それを考えていきます。

エマージング・ウイルス

新しい型のウイルスが登場し、人間とウイルスの関係を考える新しい歴史が始まったと言ってもよい今、もう一つ考えなければならないことが起きています。近年、世界全体でエマージング・ウイルス（環境や生態系の変化から突如出現して感染症を引き起こすウイルス）が出現し、その問題に頭を悩ますことになっているのです。新型コロナウイルスまでは日本では感染拡大が起こりませんでしたが、世界では次々と新しいウイルスによる感染症が流行・拡大している状況が見られます。

その代表例を表1にまとめました。聞いたことのある名前もあるのではないでしょうか。アフリカや中国などでの感染についてのニュースを記憶していらっしゃる方もあるでしょう。

表1を見ると、20世紀後半からさまざまなエマージング・ウイルスが登場していることが分かります。まさに細菌やウイルスの研究は進み、感染症は怖くないと思い始めたら、

感染症	ウイルス	発生·流行年	発生·流行地域
ラッサ熱	ラッサウイルス	1969年〜	アフリカ南西部
豚インフルエンザ	豚インフルエンザウイルス	1970年〜	欧米、アジア
後天性免疫不全症候群（AIDS）	HIV（ヒト免疫不全ウイルス）	1983年	アフリカ→世界各国
重症急性呼吸器症候群（SARS）	SARSコロナウイルス	2002年	中国→世界各国
マールブルグ病	マールブルグウイルス	1967年	西ドイツマールブルグ
中東呼吸器症候群（MERS）	MERSコロナウイルス	2012年	中東地域
エボラ出血熱	エボラウイルス	1970年代	アフリカ中央部
新型コロナウイルス感染症	新型コロナウイルス	2019年	中国→世界各国

表1　エマージング・ウイルスの例

思いがけないウイルスが登場していることを示す表です。これが生きものの世界なのです。何でも分かるということはないのだ。自然と向き合っていると、そういう気持ちになってきます。

映画「アウトブレイク」（1995年）は、まさにエマージング・ウイルス感染症が蔓《まん》延《えん》する社会を描いたものでした。

アフリカで発生した致死率の高い感染症を調べるために、アメリカ陸軍感染症医学研究所（USAMRIID）のリーダー（D・ホフマン、好きな俳優です）が派遣されます。調査の結果、彼は人の往来が激しく、アフリカともつながりがある米国にはこの感染が拡大する危険性があると主張しますが、「そんなのアフリカの話でしょ」と取り合ってもらえません。しかし、その村で捕えられた猿がアメリカに密輸され、ペットショップのオーナーが感染して入院します。その血液検査をした技師は自分が感染したことを知らずに恋人と映画館へ行き、またたく間に街中に感染が拡大します。その裏でウイルスを利用しようとする軍の動き、感染拡大を食い止めようとする医学研究所の研究者、命がけで患者の治療を続ける医療者たちが描かれます。それぞれの思いと行動がぶつかるなか、収束したと思われた感染症が復活します。ウイルスの変異株が現れたのです。

この映画がまさに象徴的で、今まで足を踏み入れることのなかった熱帯雨林に人間が入っていき、森を壊された動物たちが外に出て来るようになって人間と接する機会が増えています。また、希少な野生動物を捕らえて商売をする人もいます。グローバル化する社会では、多くの人が常に世界中を動き回っているので、遠いアフリカで起きた事例が、翌日にはアメリカに飛び火することもありうるのです。野生動物の中にいたウイルスが人間の社会にやってくる。これまでは、パンデミックまでには至らずに局所で抑え込んできましたが、感染症が発生した国は本当に大変でした。この20年ほどの間、そんなことが、世界のあちこちで起こっていたのです。

表1の3例はアフリカで発生し、流行したウイルスで、特にエボラ出血熱は致死率が高い怖い病気です。「アウトブレイク」は、これをもとにつくられた映画です。これからも気をつけなければなりません。

家畜に感染するウイルス

ウイルスは人間だけでなく、家畜にも感染します。

毎年、鳥インフルエンザや豚インフルエンザなど、家畜のウイルス感染にまつわるニュースが報道されています。特に鳥インフルエンザの場合、感染拡大を防ぐために、そのエリア一帯の鶏舎にいるニワトリを大量に殺し、土に埋めている映像が流されます。

人間の場合は一人ひとりの命を救うために、医療現場は最大の努力をするのが当然とされますが、家畜の場合、殺すという選択をします。過去に人間に感染した事例があり、ウイルスが変異して人に感染する危険性もあるので、そのような判断をするのですが、やりきれない気持ちです。

密な空間で飼育をしているので、1羽が感染したら大変な勢いで感染が拡大してしまいます。人間の食生活が贅沢になって、常に大量の食肉が必要なので、効率的かつコストを抑えた環境で飼育していることも原因といえるでしょう。

何十万羽の鶏を殺して埋めてしまうのはどうなのか。ほとんどが感染していないわけですし、仮に感染していたとしても熱処理をすればウイルスは死滅します。家畜本来の役割を全うさせる選択も考えられないでしょうか。

人間と動物の健康には深い関係がある

人間の動向とエマージング・ウイルスとの関係を見ると、世界人口の増加、地球上のヒトとモノの移動、そしてヒトへの感染が確認されているウイルスの数という三つの値の増加率がほぼ同じであるというデータがあり、なるほどと思いました。人口増加だけでなく、移動の増加が地球という場を攪乱《かくらん》しているわけです。しかもそれが、ウイルスの動きに直接影響しているというのですから、ウイルスという存在が地球生態系の中でもっている位置づけは小さくないと実感します。

20世紀後半からエマージング・ウイルスが世界各地に発生したことと、私たちの暮らしぶりは密接に関係していることがはっきりしました。そこで、人間、野生動物、そして家畜の間で発生している感染症に対して、統一的にアプローチすることが必要だという考え方が出てきました。

２００４年、ロックフェラー大学で開催されたシンポジウムで「One World, One Health」というマンハッタン原則が定められました。

そこでは、さまざまなウイルス感染症を見ると、人間と動物の健康には深い関係があることが分かり、人間と野生動物、家畜の健康を等しく実現することが重要であることが提唱されています。

私の専門である生命誌は、「地球上に暮らす多様な生きものの一つとしての人間」という視点を基本に置いています（生命誌については22ページをお読みください）。「One World, One Health」は、まさに生命誌と重なりますので、感染症の例からこのような考え方が出てきたのはとても興味深いことであり、これからの方向性だと受け止めています。生命誌と関連づけて考えたいテーマです。

ウイルス感染症の現状から見えてきた健康に対する新しい考え方「ワンヘルス」では、「将来の世代のために地球の生物学的健全性を確保し、21世紀における疾病《しっぺい》との闘いに勝つためには、疾病の阻止、調査、監視、制圧、軽減、そして環境保全に対する学際的で横断的なアプローチを広く行うことが必要」という行動計画が策定されました。

シンポジウムに参加したのは、WHOやCDC（米国疾病予防管理センター）という医療関係者の他に、FAO（国連食糧農業機関）、OIE（国際獣疫事務局）などの代表でした。その後WWF（世界自然保護基金）もこれに賛同し、いのちあるものすべてを仲間として考えようと、さまざまな分野が一緒に動き始めたのです。こうして「ワンヘルス」は人間、家畜、野生動物、そして「生態系を含めた健康」に意味が拡大しました。

ワンヘルスについて、現在、日本でも厚生労働省をはじめ、各自治体、医師会、日本獣医師会などがさまざまな取り組みを行っています。

ヒト、家畜、野生動物、その生態系の間で発生している感染症は、人間社会だけで予防・対応しても軽減することはできず、地球全体を対象に、調査して対応することが必要であるという認識で、それが徐々に実践されているのです。

幸いなことに日本国内ではエイズやこれまでのエマージング・ウイルスについては、感染者がそれほど多くありませんでしたので、対岸の火事として受け止め、あまり関心が高くありませんでした。

新型コロナウイルスの感染拡大を体験した今、私たちの生活にはウイルスと向き合って考えなくてはいけない問題が山ほどあるということに気が付かざるを得ない状況になりました。

ここで大事なことは、「新型コロナウイルスをどうすればいいのか？」ではなく、広く「ウイルスとは何か」という基本を考えることです。そしてそれは、健康、環境という日常にまでつながるのです。こうしてウイルスという、目に見えないために日常意識していない存在が、私たちが生きることと強く関わっていることが見えてきました。ウイルスとはどのような存在なのか、見ていかないわけにはいきません。

自らが責任をもって関わり合う

ウイルスについて考える前に、新型コロナウイルスと付き合わなければならないことが分かったとき、強く思ったことを再確認しておきます。それは、これには一人ひとりが責任をもって関わり合わなければならないのだということでした。

新しい病気への対応となれば、そこに登場するのは最先端の科学技術であると考えて当然です。病因を調べ、治療法を確立してほしいと願い、専門家に頑張ってもらわなければならないと思います。素人の自分にできることなどないと思ってしまいます。そこで、感染症の場合にも最も重要なのはワクチンの開発だ、先生方がんばってくださいと思い、それに期待します（残念ながら、今回日本は本当に必要とされる早い時点で独自のワクチン開発ができませんでした。それについては後述します）。

ところが、新型コロナウイルス感染拡大の体験で、それは違うぞと教えられました。感染症対策の基本は、何はともあれ病原体を拡散させないことであり、体内に入らないようにすることですから、マスクをする、手を洗う、人が集まって密になることを避け、室内は換気をするという、個人の日常的な対処が重要です。

新型コロナウイルスは、感染しても無症状の場合があるという特徴がありますので、マスクをつけ、手洗いをするという日常の行為は、自分を感染から守る手段であると同時に、もし自分が無症状の感染者だった場合、他人にうつさないための手段でもあるわけです。

パンデミックを一刻も早く収めるために、少々のうっとうしさはあっても、私はマスクをつけました。換気や手洗いは日常の健康を考えて行ってきたことでしたが、面倒だからとサボることがなくなりました。社会の一員としての誇りをもって、役立つことをする。ちょっと大げさですが、そんな気持ちをもちました。

普通に暮らしている自分の行為が、社会全体をよい方向にもっていくことにつながっていると実感できることは、日常あまりありません。選挙での一票が大事と言われてもなんだかいつも無駄になっているような気もします。

手を洗うという誰にでもできる行為が、多くの人々、つまり社会につながっており、自分も社会を支える役割をしていると思える体験は大事だと感じました。国や自治体からお達しが来たからやるという気持ちでは意味がありません。

友人の中には、マスクを拒否する人もいました。「体制に媚びるようでマスクをするのはいやだ」と言うのです。

特に芸術家など、個性を大切にし、社会への批判の気持ちを込めて舞台や作品をつくる人たちに多かったように思います。そのような方たちは私も尊敬していますので、気持ちは分かりますが、生きものを考える立場からは、ここは規制と捉えず自分の意志としてマスクをしてほしいと思いました。

「ニュースで見たから」「上から言われたから」というだけの理由で、マスクをつけるのでは、そこで考えが止まってしまいます。そうではなくて、新型コロナウイルスのことを知って、自分の頭で考えたうえで、マスクをつける、手を洗うなどの行動につなげると、意味が見えてきます。

もっとも3年間もそれが続いた今、3歳の子どもは生まれたときからマスクをした顔ばかり見ていることに気付き、それによって人間を見る目が変わらないだろうか、などという心配も出てきました。マスクなしで自由に語り合える日が早く来ることを願いながら、室内で人と接するときは今もマスクをつけています。

新型コロナウイルスについて現在分かっていることをまず知ることから始め、どうしたらいいのか、時には何をしない方がいいのかを、一人ひとり自分の事として考えることが大切です。

もちろん、専門家による現状分析や対応策、ワクチンや薬の開発など、社会全体の動きは重要ですが、そこに何を求めるかの判断を、私たち一人ひとりがしていくこともそれと同じくらい、時にはそれ以上に重要なのではないでしょうか。

新型コロナウイルスに振り回されたとだけ考えると、この3年余りが空しく感じられますが、社会のありようを自分事として考えるきっかけにすることで、意味ある体験にしたいと思うのです。

新型コロナウイルスを「知る」と「分かる」

新型コロナウイルスという言葉を、ほぼ3年間毎日聞いて過ごしました。新型コロナウイルスの電子顕微鏡写真をテレビでよく見ましたし、感染のメカニズムなどが新聞に載ったりもしました。でも、新型コロナウイルスが分かったという気になっている方は少ないのではないでしょうか。感染が収まり始めた今、この問題は終ったと思っている方も少なくないように思います。でも、これから何事もないということはありません。これを機会にウイルスという存在を日常のなかにあるものとして、何かあった時には対応できるようにしておきたいものです。

知らないものに出合った時、関心を抱いたら自分で調べます。今はインターネットという便利なものがあるので、手元にあるスマホやコンピューターで検索すれば、答えが出てきますから、調べることには慣れている方が多いのではないでしょうか。

「新型コロナウイルス」についても検索して出てくる答えを見て、知ることはできますので、まずはそれを試みると、少し身近になると思います。

でも、これまでに挙げたさまざまな課題を考えようとするなら、ウイルスについて、このような「知っている」ではなく、自分事として「分かっている」にすることが必要ではないか。そう考えて分かるためのお手伝いができればよいと思って書いているのがこの本です。自分で考え行動に生かすことがこれからの社会での賢い生き方につながると思ってのことです。

新しい人と知り合いになったとき、「知人」と呼びます。そのなかにお付き合いをしているうちに気持ちが分かりあえる人ができてきて「お友達」になります。お互い相談し合って知っているだけでなく、分かっている。お友達は、自分の生き方をよりよくしてくれる存在です。人間だけでなく、さまざまな「事」や「物」についても、「知る」を「分かる」にしていくことで、生き方が豊かになるのではないでしょうか。

ウイルスについても、「新型コロナウイルスを知っている」というところから、「新型コロナウイルスとは何であるかが分かる」ところに行ってみると、よりよい生き方ができると思うのです。

最近は「ウィズ・コロナ」という言葉も出てきましたが、本当に一緒に暮らせる相手なのかどうか確かめるためにも、「分かる」必要があるでしょう。

とはいえ、ウイルスは目に見えないもので、どのように付き合い始めるかを考えるのが難しいので、身の回りの例で「分かる」への道を考えてみます。

我が家の庭のツバキがピンク色の花を咲かせる冬の終わりから春にかけて、毎年小さなお客さんがやって来ます。初めて会った時、体の色が黄緑なのでウグイスかしらと思いましたが、よく見ると、目の周りが白いのです。野鳥図鑑を開いて調べたらメジロでした。図鑑には、スズメの仲間で住宅地に住んでいること、ツバキが咲く頃にやって来るのは、花の蜜がお目当てだと書いてあります。体の割に長いくちばしを花の中に突っ込んで、筆のようなふさふさの舌に含ませるようにして、甘い蜜を味わっているのであり、これは、スズメなどにはないメジロの特徴とあります。（こんなに小さくても優れた能力を持って巧みに生きているんだな……）と、改めて見直しました。

こうなると、メジロのところだけを見て、ハイ終わりということにはなりません。他の鳥はどうなっているのだろうと、いろんなページを繰ってみます。鳥の場合、目に見える日常的なものですから、スズメやカラスはもう知っている。でも、詳しく調べたことはないので見てみようかとなっていきます。

メジロは小さくてかわいいけれど、タカやワシのように大きくて肉食の鳥もいます。ニワトリのように飛べない鳥もいるし、ハクチョウのように長い旅をする鳥もいる。人気者のペンギンも忘れちゃいけない……。

ページをめくるごとに、新しい発見があります。鳥って、こんなにたくさんの種類がいるんだ。大きさや色、形、そして生きる場所や食べ物もみんな違う。そうやって、いろいろな鳥がいることを知ってから、もう一度庭にいるメジロを眺めると、「こんなにみんな違うけれど、鳥に共通の特徴はなんだろう」という問いが生まれるかもしれません。ここまで来たらしめたもの、次々と問いが続き、生きもの全体のなかのメジロが見えてきます。

メジロのことを知るには、まず、メジロの項目を調べるけれど、それで終わらず、鳥の仲間に関心を広げ、どんな特徴があるんだろうという問いを続けていくと、生きもの全体のなかでのメジロの姿、生きものとしてのメジロが分かってくるのです。

では、ここでメジロを新型コロナウイルスに置き換えてみましょう。

新型コロナウイルスが分かるようになるには、それだけを調べてもダメで、「ウイルスってなあに」と問い、私たち人間とウイルスはどんな関係にあるのと問いを広げていき、そこから新型コロナウイルスを見て初めて、本体が分かってくるはずです。ウイルスについてはまだ分からないこともたくさんあるので、そのことも含めて「分かってくる」のが面白いと思います。

回りくどい話になりましたが、庭に来たメジロと同じように、たまたま身近にやって来た新型コロナウイルスについて、あれこれ考えてみようと思います。目に見えないのが少し面倒ですけれど。

本命は新型コロナウイルスですが、メジロについてもここまで来ましたから、もう少し調べておきましょう。ここまで来たら、鳥以外の生きものに目を向ける必要があります。

調べると、鳥は「脊椎動物」、つまり骨のある仲間であることが分かります。脊椎動物の始まりは魚で、それが陸に上がって、カエルのような両生類やトカゲのような爬虫類が生まれ、子どもたちの大好きな恐竜が登場します。

でも恐竜は、6500万年前に、地球に巨大隕石《いんせき》がぶつかって絶滅してしまった……そう習いましたよね。

ところが最近、多くの恐竜学者が「恐竜は滅びていない」と言っています。実は、鳥が恐竜の子孫だということが分かったからです。呼吸の仕方や骨格など、体のつくりや生き方が、鳥と恐竜はとても似ています。最近では、恐竜の卵の研究が進み、巣や抱卵《ほうらん》の様子が分かる化石も見つかっています。鳥のように子育てをする恐竜の姿が目に浮かぶようになりました。イメージが大きく変わりました。つまり、恐竜は絶滅したのではなく、鳥として生き残っていると考えられるようになったのです。

ここまで知って、庭のメジロを見ると、さっきまでとは少し違う見え方になってきます。分かるって面白いことです。

ひとたび頭の中に「?」マークが浮かぶと、「?」は次の「?」につながります。一つの「なぜ」を調べていくと、新しい「なぜ」が生まれてくる。そしてまた違う「なぜ」が……。これが「分かる」につながり、生き方につながっていきます。

特に生きものの世界は、「生命誌絵巻」に描いたように多様ですので、視点を横に広げてその仲間を知ること、さらには視点を縦に伸ばし、時間を遡《さかのぼ》って始まりを知ること。さまざまな角度から見ていくことで、生きものの特徴や性質、他の生きものとの関係が分かってくるのです。生きものの物語が見えてくる。それが「生命誌」です。

いよいよ、生命誌のなかで、新型コロナウイルスに出合い、ウイルスとは何かを分かるための旅を始めましょう。

現代生物学では、生きものの細胞の中に必ず入っているDNAの研究を進めてきました。DNAは膨大な遺伝情報の格納庫であり、それ以外にもさまざまなはたらきをすることが分かっています。

DNAを調べることで、すべての生きものの祖先は一つであることが分かりました。それが一体どんな生きものだったのか？ この「？」マークは、まだ解明されていません。ただ、40億年ほど前の海に祖先の細胞がいたということは分かっています。

地球が誕生したのが46億年前。そこから数億年の間のどこかで最初の細胞が生まれたのです。そこから始まって、数千万種類以上もの生きものが誕生しました。

生きものはみんな仲間で、みんなつながっている――これは、美しいイメージや理想ではなく、細胞レベルで実証された事実なのです。この40億年の物語を、横の視点、縦の視点を交えて描いたのが「生命誌絵巻」です。

絵巻に描いたのは、生命（いのち）をもつ生きものたちの世界であり、細胞から成る生きものの世界です。

ところで、パンデミックを体験して、ここにどうしても入れなければならない存在として、ウイルスが出てきました。

では、ウイルスはどこにいるのでしょう。

答えは、「生きものが描いてあるところすべて」となります。絵巻の中のあらゆるところに、さまざまなウイルスがいるのであり、それゆえに具体的に描きこむことはできません。したがって、絵巻自体は変わらず、ただ「生きもののいるところ必ずウイルスあり」として見るのが、新型コロナウイルスのパンデミック体験後の絵巻の見方になります。

今までは、絵巻を見る時に、祖先細胞から生まれた生きものたちだけの世界をイメージしてきましたが、これからはウイルスのことも考えることになりました。では、そのウイルスとは何者か。それが、次の問いです。

第2章

ウイルスを分かるために

ウイルス研究の始まり

ウイルスは、おそらく数十億年前から生きものの世界に存在していたに違いないのですが、人間がウイルスの存在を知ったのは最近のことです。具体的にウイルスの研究が始まったのは19世紀末、もうすぐ20世紀になろうとする頃でした。本当に最近です。

その前に発見され、研究が始まっていたのがバクテリアです。バクテリアは、17世紀にアントニ・ファン・レーウェンフックが考え出した顕微鏡によって発見され、目に見えない生きものは人気者になったのです。

池の水を汲《く》んできて顕微鏡で見ると、さまざまな形をした生きものがたくさん見えてきたのですから、みんな大喜び。今では、顕微鏡は白衣を着た研究者が覗《のぞ》くものとされていますが、始まりはもっと身近なものだったのです。そもそもその頃は「科学者」という言葉はなかったのですから。

19世紀後半になり、バクテリアの中に病気を引き起こすものがあることが発見され、新しい医学が生まれます。それを行ったのが、ドイツのロベルト・コッホとフランスのルイ・パスツールでした。病気の原因を突き止め、治療法を考える現代医療の始まりです。コッホの弟子で、ペスト菌の発見などで活躍したのが北里柴三郎です。

ところで、1896年、病原体を次々と突き止めていたコッホの研究所にドイツ政府の命令が下り、口蹄疫《こうていえき》予防のための研究が始まりました。まずは病原体の探索です。

当時は、素焼きの陶器で造った細菌濾過器《ろかき》を使っていました。そこで、口蹄疫にかかったウシの水疱《すいほう》から得た液をこれで濾過すれば、病原性はなくなるはずですし、そこで捉えたバクテリアの中に病原体がいるはずです。ところが、濾過器から出てきた液でウシは発病してしまったのです。また思いがけないことが起きました。

何度実験しても、病原体は液の方にあります。こうして「濾過性病原体」つまりバクテリアよりも小さな病原体があることが分かりました。まだ名前はついていませんでしたが、これがウイルスの発見です。1897年のことでした。

歴史とは面白いもので、同じ年に、オランダで植物ウイルスが発見されています。19世紀後半、タバコの葉にモザイク状の斑点《はんてん》ができる「タバコモザイク病」が流行しました。斑点ができるだけでなく、葉の成長も悪くなるので、高級な嗜好品《しこうひん》であるタバコ生産者にとっては悩みの種でした。

そこで、さまざまな研究者がタバコモザイク病について研究をしていました。その過程で、タバコモザイク病の感染源は、素焼きの濾過器を通過できることを発見したのが、マルティヌス・ベイエリンクでした。

動物ウイルスと植物ウイルス、偶然にも同じ年に発見されたことになります。「偶然」と書きましたが、学問の世界にはよくこういうことがあります。研究の状況がウイルスを発見するところまで近づいていたということでしょう。科学の発見は、個人の才能にもよりますが、時代もあるのです。ところで、ここで発見された植物ウイルス、つまりタバコモザイクウイルスでは、また驚くようなことが見つかります。

1935年、アメリカの研究者、ウェンデル・スタンリーが、タバコモザイクウイルスの結晶化に成功し、しかも、それに感染性があることを見つけたのです。それまでは、バクテリアより小さいけれど生きものの仲間だと思って調べていたのに、結晶化するということは、生きものではないのではないか？　またまた思いがけないことが出てきました。

「これは普通の生きものではない」と、研究者たちの脳裏に大きな「?」マークが浮かび上がりました。

このウイルスは、さらに興味深いことを示します。これより少し先の話ですが、ここで触れておきます。タバコモザイクウイルスの、遺伝子であるRNAとそれを包んでいるタンパク質は分離できます。1955年、フレンケル・コンラートが、一度分離したRNAとタンパク質を混ぜると自然にウイルスができ、タバコの葉に感染する能力を示すことを見つけたのです。物質の世界と生きものの世界がつながっていることを実感させます。生きものも物質でできていることは明らかですけれど、でも生きものは生きもの。単なる物質ではありません。これをどう整理できるだろう。生命とは何なのだろう。あれこれ考えさせられる事実です。スタンリーもコンラートも、ノーベル賞を受賞しています。最初から、ウイルスって、何か面白そうと感じさせますね。

ウイルス仲間に登場してもらおう

ウイルスは、バクテリアよりも小さい病原体として見つかり、研究が始まりました。動物や植物に感染して増えますし、遺伝子をもっているのですから、生きものと思えます。ところが、結晶になり、しかも結晶化しても感染性があるというのです。この辺は生きものらしくありません。

生きものなのか、生きものでないのか……なんだか分かりにくい存在です。ということは、ちょっと面白い存在だということでもあります。

「生命誌絵巻」に描いたように、生きものは多様であり、どの生きものにもウイルスが感染するというのですから、ウイルス全般を知ろうとしたら大変です。私たちにとって身近でない生きものも含めて、すべての生きものについて、それに感染するウイルスが研究されているわけではありません。ですからここは、生きものとして最も身近である私たち自身、つまりヒトに感染するウイルスを代表として見ていくことにします。

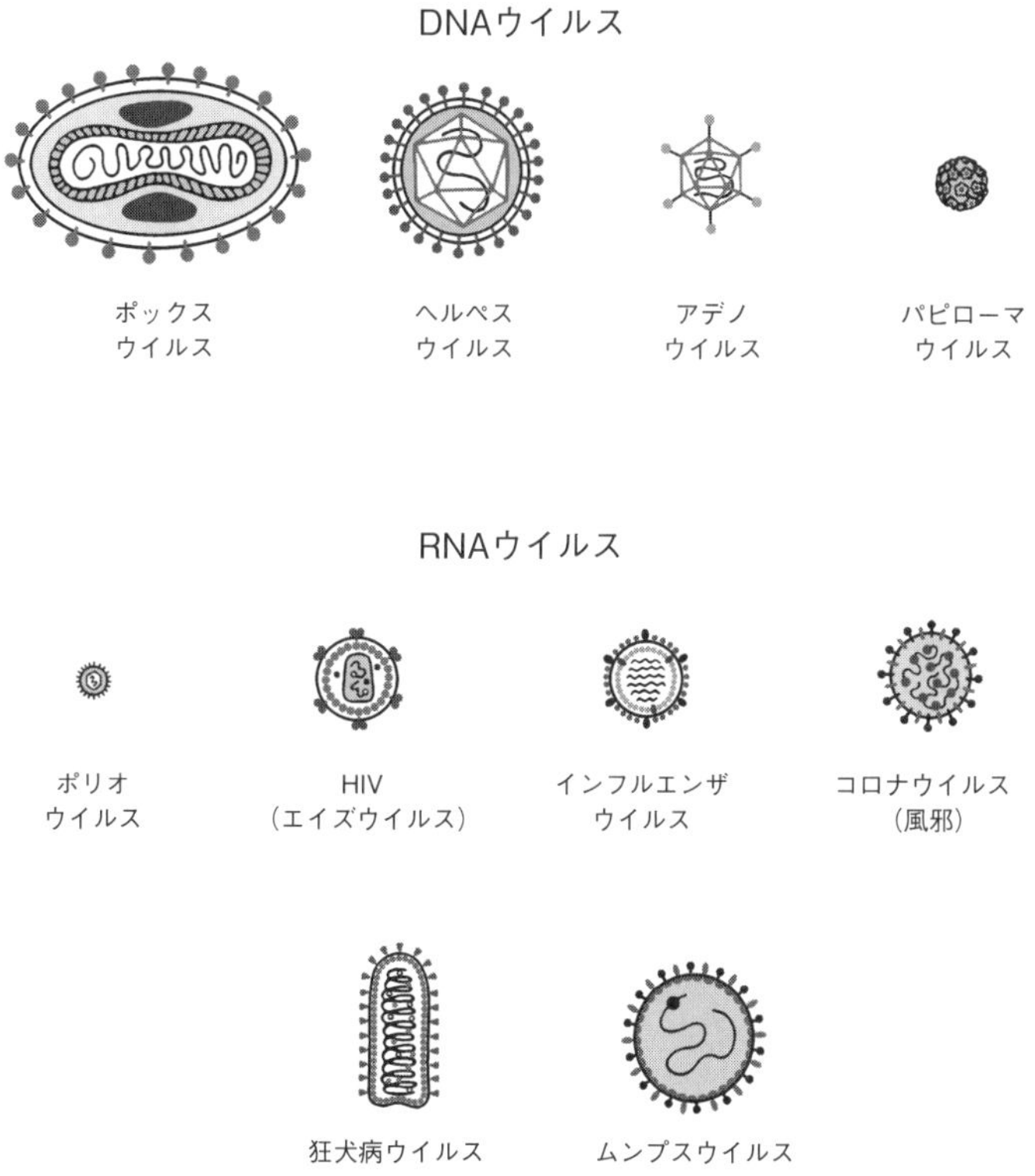

図3　さまざまなウイルス

出典：「Essential 細胞生物学　原書第５版」
（南江堂）の図をもとに作図

ここで気付きます。絵巻に描いた生きものたちはすべて細胞でできており、その細胞には必ず遺伝子としてDNAが入っています。遺伝子といえばDNAに決まっている。これが生きものの世界の常識です。

ところが、ウイルスの場合、遺伝子として、DNAではなくRNAが入っている仲間がいるのです。遺伝子があるというから、生きものっぽく思えたのに、それがDNAでないものもたくさんいる……そこで生きものなのかどうかを考えたくなります。また、ウイルス独特のところが出てきました。

ところで、すべてのウイルスに共通のことがあります。遺伝子としてはたらくDNA、またはRNAが、タンパク質の殻（カプシド）に包まれていること。時にそのほかに、脂質の膜（エンベロープ）を着ているものもあります。インフルエンザやコロナはこのタイプです。

ウイルスは、遺伝子がタンパク質の着物（時にその外に脂質の着物も）を着ているもの。さまざまなウイルスがいるけれど、基本としてこれは共通することです。

この簡単な構造をもったウイルスが、実は、生きものについての面白い事実をたくさん教えてくれますので、それを紹介していきます。

DNAが遺伝子であることを教えてくれたバクテリアに感染したウイルス「ファージ」

これまでずっとDNAが遺伝子であることは、誰もが知っていることとして書いてきました。最近は、中学校の教科書にもDNAは登場しますし、幼稚園にある絵本にもDNAが描いてあるのを見かけます。

でもこれが科学的に証明されたのは、1952年であり、それほど昔のことではありません。その頃、私は高校1年生でした。つまり、私が中学生のときは、遺伝子としてのDNAのことはまだはっきり分かっていなかったのです。

遺伝子という考え方が生まれたのは、有名なグレゴール・ヨハン・メンデルによるエンドウマメでの実験によります。マメにシワがあったり、シワがなかったりする性質が、親から伝わること。それには、その性質をもつ因子があり、それを子どもに渡すときに決まりがあることを見つけたのがメンデルです。学校で習う「メンデルの法則」の発見は1865年です。でも実は、この発見はあまり注目されませんでした。遺伝の法則を皆が認めるようになったのは、20世紀に入ってからのことです。

一方、DNAを発見したのは、フリードリッヒ・ミーシャーです。人間の白血球（実際に研究に使ったのは化膿した時に出る膿を集めました）の核の中に、酸性の物質があることを見つけ、それに核酸（Nucleic Acid）という名前をつけました。メンデルの法則発見の4年後、1869年のことです。その後の研究から、これはデオキシリボ核酸(Deoxyribo Nucleic acid)、つまり、DNAと分かりました。

ここで、DNAが遺伝子だという考え方が生まれるだろう。今の私たちはそう考えます。ところが、実際にはそうはなりませんでした。

よく知られている生体物質にタンパク質があります。DNAを分析すると、そこには4種類の塩基《えんき》―アデニン（A)、シトシン（C)、グアニン（G)、チミン（T）しかありません。タンパク質は20種類のアミノ酸からできています。どう考えても、タンパク質のほうが複雑そうですし、遺伝子は複雑な構造をしていると想像されていました。遺伝子としてのはたらきをするには、ＤＮＡは簡単すぎる。研究者はそう思っていました。といっても、タンパク質が遺伝子であるという証明もできず、遺伝子の本体は分からないままでした。

１９４４年にアメリカのオズワルド・エイブリーが、肺炎双球菌《はいえんそうきゅうきん》（肺炎レンサ球菌）で行った実験は素晴らしいものでした。この菌には、平らな膜で覆われ病原性のある菌（スムースなのでＳ菌）と、膜がなくザラザラした表面で病原性のない菌（ラフなのでＲ菌）があります。

まず、１９２８年にフレデリック・グリフィスが、熱で殺したＳ菌と生きたＲ菌を混ぜて、ネズミに注射したところ肺炎で死ぬという実験をしていました。Ｓ菌からＲ菌に病気を起こすものが入ったと考えられます。そこでエイブリーが、Ｓ菌の中からタンパクやＤＮＡなどを取り出してＲ菌に入れたところ、ＤＮＡを入れたときだけ病原性が出たのです。

ＤＮＡが遺伝子だと思わせる実験と言っていいでしょう。けれどもこれは、取り出したものがＤＮＡだけだとは言い切れないなど、さまざまな疑問が出され、決定打にはなりませんでした。先入観のせいです。

最終的にＤＮＡが遺伝子とされる決め手は、バクテリアに感染するウイルス（ファージ）

を用いて行われました。ウイルスですから、DNAの周囲をタンパク質の殻が囲んでいます。実験を行ったのは、アルフレッド・ハーシーと弟子のマーサ・チェイスです。ファージの中に入っているDNAにはリン（P）が含まれ、一方外側を覆っているタンパク質には硫黄（S）が含まれます。DNAには硫黄はなく、タンパク質にはリンはありません。

ハーシーとチェイスは、ファージのDNAに放射性同位体（同じ種類の元素で原子核をつくる中性子の数が異なる原子で放射線を出すもの）であるリン32で印をつけ、タンパク質には放射線同位体の硫黄35で印をつけました。それぞれのファージを大腸菌に感染させ、そこから生じたファージを調べてみると、リン（P）の印がついたファージは検出されましたが、硫黄（S）の印がついたファージは出てきませんでした。これを示す図4を見てください。ここから大腸菌に感染してウイルスをつくる役割をするもの、つまり遺伝子はDNAだということが明確に示されました。

この実験ができたのは、DNAをタンパク質が包むという簡単な構造をしたウイルス、実際にはバクテリアの中で増えるファージというウイルスを用いたからです。ウイルスは

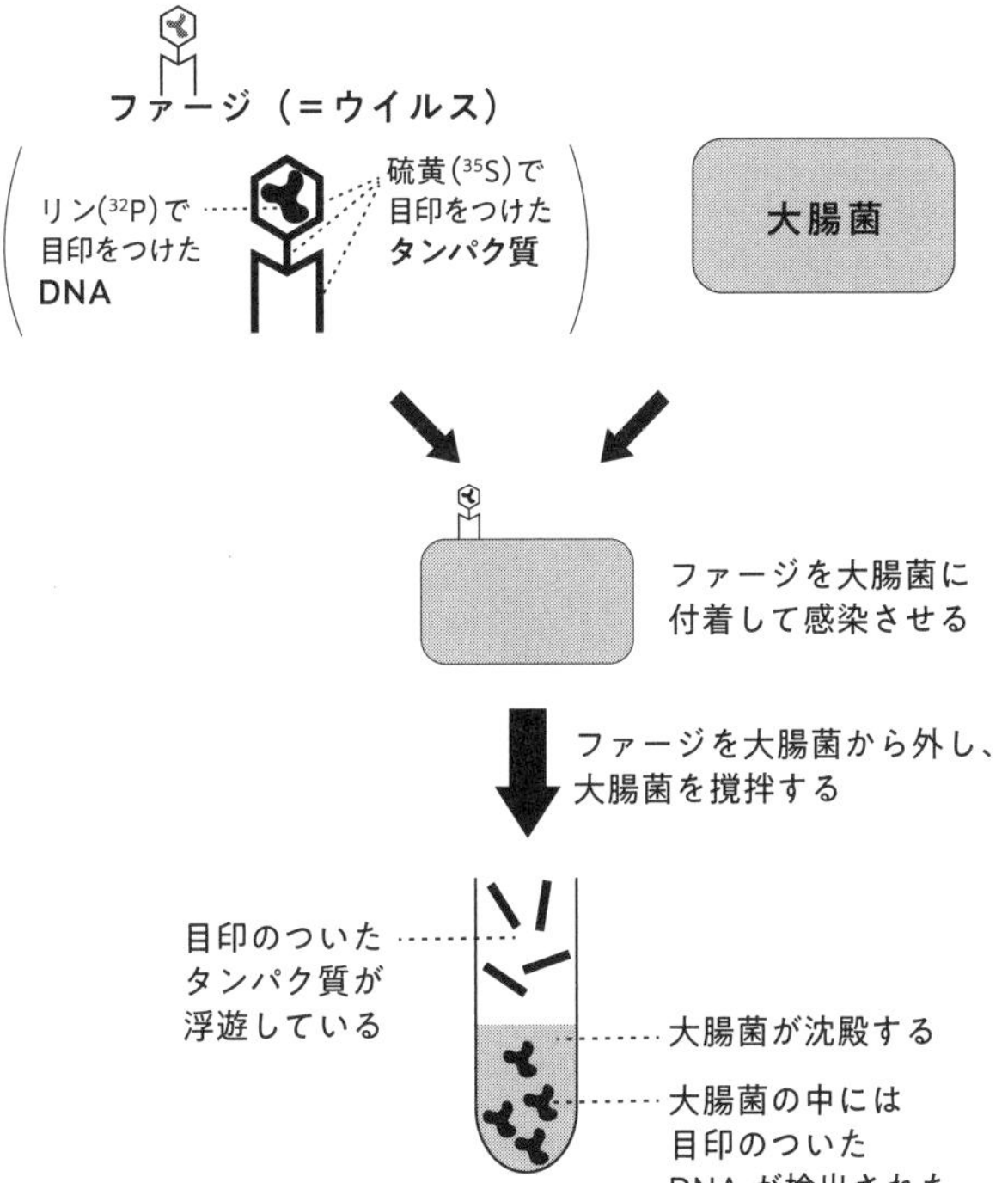
ファージ（＝ウイルス）
リン(^{32}P)で
目印をつけた
DNA
硫黄(^{35}S)で
目印をつけた
タンパク質
大腸菌
ファージを大腸菌に
付着して感染させる
ファージを大腸菌から外し、
大腸菌を撹拌する
目印のついた
タンパク質が
浮遊している
大腸菌が沈殿する
大腸菌の中には
目印のついた
DNA が検出された

図4　ハーシーとチェイスの実験

タンパク質とDNAのみからなるファージというウイルスを用い、ファージを大腸菌に感染させた際に、大腸菌に入り込んで繁殖するのがDNAであることを示した。

出典：家庭教師のトライ　映像授業「Try IT」高校生物基礎「遺伝子の本体：ハーシーとチェイスの実験」https://www.tryit.jp/chapters 10394/sections 10395/lessons 10403/point 3/をもとに作図

構造が簡単であるだけに、研究結果が明確に出たのです。

この翌年、1953年には、ジェームス・ワトソンとフランシス・クリックが「DNA二重らせん構造」を提唱します。この構造発見までの経緯は有名ですので詳細は省きます。

ウイルスを使った実験によってDNAの正体が判明し、その構造を調べてみると、その中に親から子に性質を伝えるという遺伝子の特性がそのまま存在しているといえる興味深いものでした。ここから、DNAを遺伝子として研究を進める「分子生物学」という学問が急速に展開しました。

遺伝子であるDNA、遺伝子の中にある情報に基づいて実際に体の中ではたらくタンパク質をつくる命令を出すRNAなど、生きものが生きている様子を具体的に調べる研究です。そこでは、DNAやRNA、タンパク質などの分子が大事な役割を果たします。

RNAを遺伝子とするRNAウイルス

ここで大きな疑問が生まれます。この項の最初に挙げた図4にあるように、ウイルスには遺伝子としてRNAが入っているものもいます。

えっ、どうして？　遺伝子はDNAと決まったというのに。「細胞の中で遺伝子の役割をするのは必ずDNA、生きものは細胞でできている」という原則に合わないものがいるのですから、ここからも、ウイルスは生きものとはいえないという答えが出てきます。では、ウイルスとは何かと考えるために、まずRNAウイルスとはどのようなものかを見ていきます。

細胞の中でのRNAの役割

RNAウイルスに入る前に、RNAとは何かを見ておきましょう。細胞の中には、遺伝子としてのDNAがあり、その指令でタンパク質をつくり、そのタンパク質によって身体が運動や代謝などさまざまなはたらきをしている——これが生きていることを支える基本的な反応です。

DNAはとても大事な存在ですので、細胞の核内に収められていてそこから動きません。

ＤＮＡは自分の情報をＲＮＡに変え、そのＲＮＡが核の外に出て細胞のあちこちではたらくタンパク質をつくります。ＤＮＡからＲＮＡに情報を伝えて、タンパク質をつくる「ＤＮＡ→ＲＮＡ→タンパク質という情報の流れがあってこそ生きていけるのだ」――これを「セントラルドグマ」といいます。ドグマ（教義）ですから、これは絶対であり、逆はありません。タンパク質の命令によってＤＮＡができることは決してないのです。

では、その間にあるＲＮＡとは何者でしょうか。

ＤＮＡもＲＮＡも核酸という物質です。核酸はヌクレオチド（リン酸と糖、塩基の化合物）が連なったもの。ＤＮＡ（Deoxyribo Nucleic Acid）に対してＲＮＡ（Ribo Nucleic Acid）は鎖になる部分にある糖が違い、塩基も少し異なります。ＤＮＡは、アデニン（Ａ）、グアニン（Ｇ）、シトシン（Ｃ）、チミン（Ｔ）ですが、ＲＮＡは、チミン（Ｔ）ではなくウラシル（Ｕ）です。そして、ＤＮＡは2重鎖ですが、ＲＮＡは1本鎖と、構造も異なります。

セントラルドグマが提唱された時代は、ＤＮＡとタンパク質はとても重要な存在で、ＲＮＡはそれをつなぐ存在として少し軽く考えられていました。けれども、細胞内にはさまざまなRNAがあり、それらがそれぞれの役割をすることによって生きものが巧みに生きていくことを支えていることが分かってきました。RNAははたらきものなのです。細胞の中で、RNAはとても重要な役割をしていることが次々と分かりました。でもRNAが遺伝子の役割をすることはありません。

それなのに、ウイルスの場合だけRNAを遺伝子とするものが存在するという事実は、何を示しているのでしょう。たしかに不思議です。もう少し調べてみるしかありません。

そこで、さまざまなRNAを調べているうちに、その中にDNAを切断したり、別のところに挿入したりするはたらきをもつRNAがあることが分かりました。このようなはたらきをするものを「酵素」と呼びます。

酵素は消化や代謝など、体の中でのさまざまなはたらきを支えるもので、通常はタンパク質です。最近では、ダイエットや健康機能効果をうたった酵素のサプリメントが販売されているので、酵素という名前はお馴染みかもしれません。

とにかく、細胞の中で行われる反応には、常に酵素が関わっています。私たちの体温は37℃以下です。工場でプラスチックなどの製品をつくるときは、数百℃もの高温で化学反応を起こします。そうでないと反応が進みません。でも、生きものの場合、そんな高温にはできません。そこで、低温でも反応が進むようにする触媒の役割をするのが酵素です。生体では酵素がとても大事な役割をしているのです。

ＤＮＡをつくる反応にも酵素が必要です。ところで、酵素はタンパク質ですから、ＤＮＡの命令でつくるものです。それでは、ＤＮＡをつくるタンパク質（酵素）はどうやってつくるのでしょう。なんだか悩ましいことになりました。

ここで、ＲＮＡが登場します。

ＲＮＡは、ＤＮＡと同じように塩基が並んでいますからそれを利用して、情報を伝えていきます。このＲＮＡの中に酵素の能力ももつものがあることが分かってきました。遺伝情報を伝える役割をしながら、酵素のはたらきもするという物質があれば、ＤＮＡが先かタンパク質が先かという悩みは解決します。そのような能力をもつのがＲＮＡだというのですから、ＲＮＡすごいぞ、ということになりました。

こうして、ＤＮＡが一番基本になってはたらくセントラルドグマが成り立つ前に、ＲＮＡを中心として動く生きものの世界があったのではないかという考えが生まれたのは当然です。遺伝情報を維持することはとても重要なので、二重らせんになって安定した構造をしているDNAが遺伝子専門の分子として生まれ、RNAは現在のように遺伝情報の転写・翻訳をすることになったのではないかと考えられています。こうして、DNA→RNA→タンパク質というセントラルドグマの世界へと進化したのです。

RNAが遺伝子でもあり酵素でもあったという最初の世界は「RNAワールド」と呼ばれます。大昔のことなので実態は分かりませんが、現在ではさまざまな状況証拠から、「DNAとタンパク質をもつ細胞が誕生する前にRNAワールドが存在した」と、ほとんどの研究者は考えています。生命の歴史物語の始まりにある大事な一幕です。

RNAを遺伝子とするウイルスは、その頃の世界の名残ではないか、生命の起源の頃の状況を今に伝えているのではないかとも考えられます。RNAワールドがあったという証拠を、ウイルスという形で現存させていると考えると、またここでウイルスのもつ面白い側面が見えてきます。

新型コロナウイルスによる感染症の話ばかりの昨今ですので、ウイルスは「いやなヤツ」

となりますが、コロナウイルスはRNAウイルスであり、大昔を語っているものでもあるという見方もできます。ウイルスは、生命誌、つまり生きものの歴史物語のなかで、とても重要な役割をするものに見えてきました。ウイルスから学ぶことがたくさんありそうです。これからそれを見ていきましょう。

ウイルス感染で起きること

DNAウイルスとRNAウイルス

図5は、DNAウイルスが感染、つまり私たちの細胞に入った時に起きることを表しています。タンパク質に覆われたウイルスDNAが、宿主細胞に入っていき、そこで、DNAのコピーがつくられます。それがRNAに転写され、翻訳されてウイルスに必要なタンパク質がつくられてウイルスが増えていきます。ウイルスは細胞から出て行き、また他の細胞に入ります。

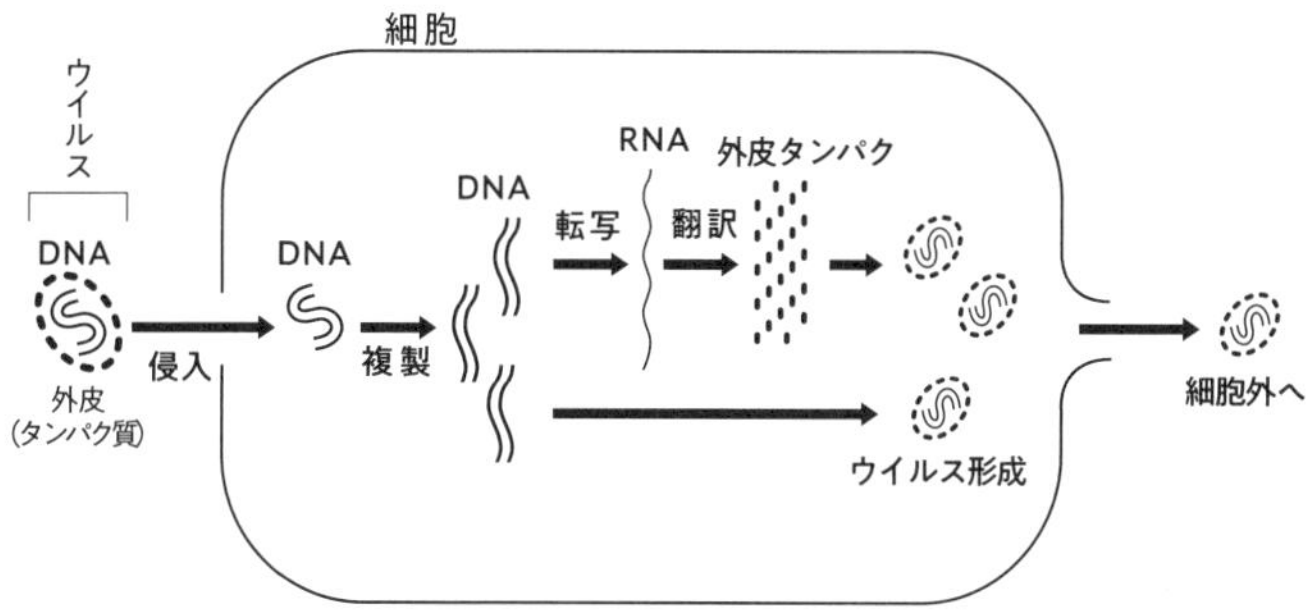

図5　DNA ウイルスに感染した細胞内で起こること

出典：「Essential 細胞生物学　原書第５版」
（南江堂）の図をもとに作図

ここで行われているのは、細胞が私たちにとって必要なタンパク質をつくるときとまったく同じ反応です。生きものの世界では、これはすべて共通です。

人間がつくる人工の世界では、技術は進歩・改革するものとされます。時計と呼ばれる機械でも、歯車が動きネジを巻くアナログなものと、デジタル時計では、まったく違うメカニズムで動いています。

けれども、生きものの世界は、バクテリアから人間まで、つまり40億年ほど前に生まれた生きものでも、つい20万年ほど前に誕生した生きものでも、ＤＮＡに始まる生体内での反応の進み方の基本は同じなのです。

そして、ウイルスも同じやり方で、自分と同じものをつくります。自分だけでは増えることはできないけれど、細胞に入り込めば生きもののように振る舞うのがウイルスなのです。

それでは生きものとは違ってＲＮＡを遺伝子として持っているＲＮＡウイルスの場合はどうなるでしょう。ＤＮＡウイルスの場合、入っていくのは細胞と同じＤＮＡを遺伝子としていますが、ＲＮＡウイルスの場合、遺伝子がＲＮＡなのですから、ＤＮＡウイルスと同じように増えることはできません。実は、ＲＮＡウイルスの場合、「ＲＮＡ依存性ＲＮＡ合成酵素」をもっており、それを用いて細胞内で自分のＲＮＡを増やします。

ＲＮＡが主として活躍していた時代を思い出させます。こうして増えたＲＮＡを翻訳してウイルスの外被タンパク質をつくり、それがＲＮＡを包み込んでできたウイルス粒子が外へ出ていくのはＤＮＡウイルスの場合と同じです。現在の生きものの系譜の中に見事にはまり込んでいます。

ＲＮＡウイルスは変異しやすい

生きものの世界には変異という現象があります。具体的には遺伝子ＤＮＡのＡＴＧＣ（アデニン、チミン、グアニン、シトシン）の並び方に変化が起き、そのために合成されるタンパク質が変化したり、時には合成されなくなったりして生きものの性質が変わるのです。ウイルスでも変異は起きます。

ウイルスの遺伝子（ＤＮＡでもＲＮＡでも）が増殖する際に、それがもつ情報（ＡＴＧＣ

の並び方）に変化が起き、情報の内容が変わるのです。生きものの変異は子孫に渡され、それが進化につながっていくのであり、変異は生きものにとって必要なことです。一方で、変異で遺伝子がうまくはたらかなくなれば、死んでしまうこともあるわけで、変異は生きものにとってよいところもあれば、悪いところもある。生きものの世界はいつもこうです。よいことだけのことも、悪いことだけのこともありません。遺伝子が変異をしても生きものの方には何も起きないということもあります。中立変異と呼び、これも生きものの世界では大事な出来事です。

ＤＮＡの場合、２本鎖ですので、増えた１本の鎖に変化が起きても、もう１本の鎖が元のままの情報をもっているために、全体としての変化は抑えられるのですが、ＲＮＡは１本鎖なので、変化がそのまま表面に出ます。

新型コロナウイルスもそうですが、ＲＮＡウイルスが変異を起こしやすいのはこのためです。せっかくワクチンをつくっても、ウイルスが変異をして効かなくなるなど、ＲＮＡウイルスの変異は厄介です。生きものでは必ずＤＮＡを遺伝子とすることになったのは、あまり変異が起こりすぎては困るということもあったのでしょう。２本鎖であるＤＮＡは、あまり変わらないけれど、進化に必要な程度の変異はするという、見事な性質をもっています。

ウイルスで起きる炎症

ウイルスの場合、自身が毒をつくることなどなく、細胞内で増えるだけなのに、なぜ病気になるのか、その発症メカニズムはまだよく分かっていませんが次のようなことが考えられます。

細胞はとにかく異物が入ってきたら、それを察知し対応して「免疫」をはたらかせます。このはたらきがなければ自然界で生き続けることはできません。異物だらけなのですから。ただ、免疫細胞が一生懸命、異物に対応するとどうしてもいろいろな炎症が起きます。それによって発熱もします。風邪を引いたというのは、こんな状況です。

はしかに感染すると肌に赤い発疹ができるのは、皮膚の細胞に増えるウイルスに対する免疫反応で皮膚に炎症が起きているのです。皮膚の細胞は、時間が経つと死んで、新しい細胞ができるので発疹は消えて治ります。

ポリオウイルスによる急性灰白髄炎《きゅうせいかいはくずいえん》は、小児麻痺として知られています。このウイルスが口などから入り腸の細胞などで増えると免疫反応が起きますが、この場合は「無症状」です。

ところが、ウイルスが神経細胞に入ると、細胞が簡単には生まれ変わらないために、細胞の機能が取り戻せなくなり、麻痺症状が起きるのです。今では有効な生ワクチンが開発されており、ポリオの発症はほとんどなくなりました。ワクチンによる予防の重要性を強く感じます。

生きものの世界は、一律に見るのではなく、一つひとつていねいに見ていくことが大事です。「ウイルスとは」とまとめて考えるのではなく、今は新型コロナウイルスという現在パンデミックを起こしているウイルスをよく調べ、その成果を活かして皆で感染を広げない努力をする必要があるわけです。ウイルスとは何かをよく知ること、一つひとつのウイルスへの対応を着実にすること。この両方が大事なのです。

RNAウイルスの中の特別な仲間「レトロウイルス」

表1にあるHIVについては感染の歴史のところで述べました。エイズは、HIVが免疫細胞に感染し、免疫機能が激しく低下する病気です。その起源はカメルーンのチンパンジーという説が有力です。

HIVに感染すると、免疫機能が正常であれば感染することのない感染症などにかかりやすくなり、重症化することがあります。肺炎などを引き起こして死亡することも多く、かつては「死の病」と言われていました。

現在ではエイズ治療薬が開発され、エイズウイルスに感染しても薬によってウイルスの増殖を止め、エイズの発症を予防できるようになりました。輸血による感染もあり、一時はどうなることかと心配していたので、発症を防げるようになった時はホッとしたことを思い出します。

HIVも、RNAウイルスの仲間です。体を守ろうとする最前線の細胞を狙うウイルスとは驚きだと書きましたが、実はこのウイルスの驚くべきところは、それだけではありません。もう一つ、研究者が考えてもみなかった性質をもっていたのです。

RNAウイルスの場合は、遺伝子としてもっているRNAからRNAをつくる酵素をもっており、それで自分のＲＮＡを増やしていると書きました。その能力がなければ、ウイルスとして存続していくことはできないでしょうから、当然だろうと受け入れられます。

ところがＨＩＶは、自分のもっているＲＮＡの情報をもとに酵素によって２本鎖ＤＮＡをつくることが分かったのです。このような能力をもつＨＩＶなどのＲＮＡウイルスを、「レトロウイルス」と呼びます。ＲＮＡをもとにしてＤＮＡをつくる酵素は、リバース・トランスクリプターゼ（逆転写酵素：Reverse Transcriptase）と呼ばれるので、この酵素の初めの文字をとって「レトロウイルス」と呼ばれるわけです。なぜ逆転写と呼ばれるのでしょう。

前の章で細胞の中にあるＤＮＡの情報は、まずＲＮＡに転写され、ＲＮＡにある情報によってタンパク質が合成されると書きました。情報は必ず、ＤＮＡ→ＲＮＡ→タンパク質へと流れ、その逆は起こらないので、これを「セントラルドグマ」という、と書いたのを覚えていらっしゃるでしょう。

ＤＮＡ→ＲＮＡ→タンパク質。つまり、ＤＮＡのＡＴＧＣの並び方に書かれた情報は一番大事なものであり、それを写しとったＲＮＡは、その情報を伝えるお使い役です。実際、この役目をするＲＮＡを、メッセンジャーＲＮＡと呼びます。そのＲＮＡがもっている情報に従ってタンパク質がつくられ、それが実際に体をつくる筋肉、反応を進める酵素などとして現場ではたらくのです。

このような流れを見ると、ＤＮＡが一番重要だと受け止めるのは当然です。現場ではたらくタンパク質から情報が出されることはない。それが、生きものの中で起きている反応のあり方です。こうしてＤＮＡを重要視する受け止め方が、ＤＮＡでなんでも決まると思い込ませることになり、ＤＮＡ決定論とも言える考え方につながっているような気がします。

そのようななかで登場したレトロウイルスに世界中の学者が驚きました。ＤＮＡ→ＲＮＡ→タンパク質という流れが絶対だと思っていたら、ＲＮＡ→ＤＮＡという反応が出てきたのですから。

お断りしておきますが、この反応は「本物の生きもの」の世界にはありません。そこではあくまでも、ＤＮＡ→ＲＮＡです。ＲＮＡ→ＤＮＡという反応が起きるのはウイルスだけです。

ここでも、ウイルスは生きもののようでありながら、やはり生きものの世界からはずれている。本物の生きものではないという姿が見えてきます。

ところでなぜウイルスの世界ではこんなことが起きるのかを考えましょう。まずウイルスだけが「遺伝子」としてRNAをもっており、そのRNAを増やしてウイルスをつくり出しているからです。自分の「遺伝子」であるRNAを増やさなければならない。そこでコロナウイルスなどは、RNA→RNAという反応を進める酵素をもち、生きものとはちょっと違う道を選びました。

一方、HIVなどレトロウイルスと呼ばれる仲間は、RNAを遺伝子としていますが、そのRNAがDNAのような2本鎖であるところに特徴があります。このようなウイルスは自分のRNAと同じ情報をもつDNAをつくり、そのDNAにRNAをつくらせるという方法をとっているのです。

ここで、RNA→DNAという、これまで見たことのない反応を進めるのです。でも「とんでもないことが起きている！」「セントラルドグマは崩れた」と慌てふためくのではなく、落ち着いて考えてみましょう。

すると、ＲＮＡワールドが思い出されます。生命体の始まりの頃には、ＲＮＡが遺伝子と酵素、つまりＤＮＡとタンパク質を兼ねた世界があったことは確かなようです。そこからＤＮＡが生じ、今のＤＮＡ中心の世界になったのです。つまり、ＤＮＡ⇅ＲＮＡという関係が、本来この二つの物質の間にはあるということです。実は「ＤＮＡ⇅ＲＮＡ→タンパク質」というのがセントラルドグマなのです。

このような生きものの世界の歴史を見ると、２本鎖のＲＮＡという特別な形の遺伝子をもつレトロウイルスは、まさに生命体の歴史の産物と言えます。おそらく遺伝子としての安定性は、２本鎖になった方が大きいでしょう。そのような歴史があったという証拠として、今も残っている存在としてこのウイルスを捉えることができます。

このようなウイルスの登場は、生きものの世界全体を考える生命誌にとっては、なんとも興味深いことです。そしてウイルスという存在の意味もさらに大きく見えてきます。新型コロナウイルスに悩まされた日々は忘れませんが、ウイルスという存在は消すことはできませんし、その存在がもつ意味をきちんと受け止めなければなりません。

ＤＮＡとＲＮＡのどちらが安定的か、どちらの方が残りやすいか、と何度も何度も試みて、選択されながら、生きものの世界としては結局安定度が高いDNAを遺伝子にするという生き方が残ったのでしょう。生きものの歴史をていねいに見るなら、逆転写酵素の存在は予測できたと思うのですが、それがなかなかできないのが実態です。私たちの考え方は柔軟性に欠け、いつも自然界から実はこんなこともあるんだぞと教えられているようです。こうしてまたウイルスは思いがけないことを見せてくれることになりました。この驚きはさらに続きます。

レトロウイルスが細胞に感染してから、新しいウイルスが生まれてくるまでを見ていくと、またまた予想外のことが見えてきたのです。

ウイルスのゲノムRNAを逆転写酵素でDNAに変換することはすでに述べました。実はこうしてできたDNAは、そのまま独自にはたらいて、ウイルスのRNAをつくったり、そこからタンパク質をつくったりするのではありません。図6に示したように、できた2本鎖DNAが感染した細胞のDNAの中に組み込まれるのです。

つまり、宿主の遺伝子の中に入り込んでしまうのです。このように中に入ったウイルスDNAを「プロウイルス」と呼びます。そして、このDNAが細胞のDNAと同じように

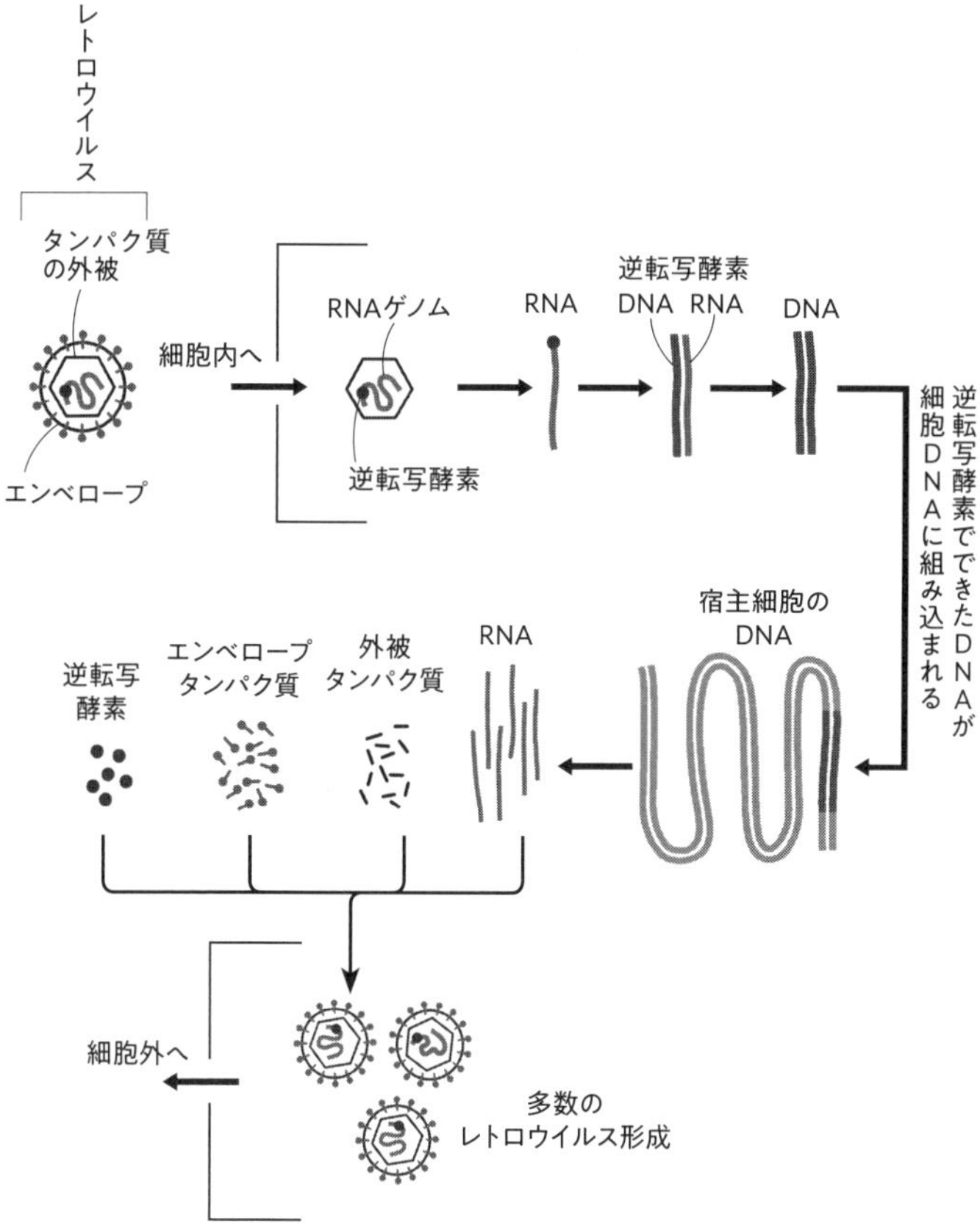

図6　レトロウイルスの生活環

出典：「Essential 細胞生物学　原書第５版」
（南江堂）の図をもとに作図

ＲＮＡに転写されます。このＲＮＡはウイルスの遺伝子と同じ情報をもっていますので、それに従って細胞の中でウイルスの外被タンパク質がつくられ、最終的にはウイルスができ上がります。生きもののもつものづくりの仕組みを上手に利用しているのに感心します。ウイルスに感心するというより、長い時間をかけてこのような仕組みをつくり上げ、全体として生き続けてきた生きものの世界に感心するというのが正確な言い方になりますが。

生きものとは言い切れないけれど、生きものの仕組みを巧みに用いて続いていく、おかしなと言うべきか、巧みなと言うべきか迷うウイルスの存在は、この生きものの世界を支える一つの要素であり、これがなくなることはないでしょう。レトロウイルスはＨＩＶだけでなく、白血病ウイルスなどを含む一つのグループとして存在しています。

ウイルスは生きものなのか、生きものではないのかという問いがよく出されます。実は、生きものとは何かということが、まだ分かっていませんから、この問いに答えるのはとても難しいのですが、細胞に注目すると一つの答えは出ます。

これまで見てきたように、生きものは必ず細胞からできているのに、ウイルスは細胞でできてはいませんから、生きものとは言えません。

でも、石が生きものではないというのとはどこか違いますね。生きものに深く関わっていますし、どこか生きものっぽいところがありますから。そこで、よく生物と無生物の間にあると言われます。でも、これではすっきりとした答えとは言えません。

そこで、生きものか、生きものでないのかと問うのを止めて、とにかくウイルスをよく見て、ウイルスは何物なのだろうと考えるのがよいのではないかと思うのです。私は、これまでの状況、特にレトロウイルスのありようを見ると、ウイルスは「動く遺伝子」と捉えるのがよいのではないかと思っています。

遺伝子についてはとても固定的なイメージを持たれている方が多いと思いますが、遺伝子が動き回ることが生きものの世界をダイナミックにし、継続させているのだということが、研究が進むにつれて見えてきました。それを見ていきましょう。

第3章

ウイルスは「動く遺伝子」

ウイルス感染症から見えてくるウイルスの本質

「動く遺伝子」という言葉を素直に受け止める

ここからは、ウイルスを「動く遺伝子」として見ていきますが、その前にこの言葉に違和感をもつ方もあろうかと、遺伝子についてちょっと考えておきます。

遺伝子という言葉を聞くと、当然遺伝を思い浮かべ、遺伝と聞くと、それによって私たちの性質が決められる、決定論的なイメージを思い浮かべる方が、今もまだ多いのではないかと思うのです。今もまだというのは、DNA研究が進む前は、研究者も遺伝子を生きものの性質を決定するもののように受け取っていたところがあるからです。

この50年ほどの間に、DNAの研究が進み、遺伝子のイメージは大きく変わりました。実を言うと、遺伝子という言葉が何を示すかもよく分からなくなっているところさえあるのです。細かいことまで書くと教科書になりますので、大雑把なところになりますが、「動く遺伝子」と言う以上、これを考えておかなければなりません。

生命科学が始まってすぐ、１９７０年代半ばに「組み換えＤＮＡ技術」（「遺伝子組み換え」と言われることもあります）が開発されました。この技術が用いられた、よく知られている実例を一つ取り上げましょう。

大腸菌の中に「プラスミド」と呼ばれる小さな環状のＤＮＡがあります。大腸菌本来のＤＮＡ（ゲノム）ではなく、ある意味、大腸菌に居候《いそうろう》している小さなＤＮＡの環なのです。これは、他の大腸菌に入り込むことができます。

大腸菌から大腸菌へと、水平に移動できる「動く遺伝子」です。この本では、ウイルスを動く遺伝子として考えようとしているのですが、動く遺伝子はウイルスだけでなくさまざまな形で存在しています。遺伝子には動く性質があるということです。遺伝子は親から子へと縦につながり、子どもの細胞に入ったらそこから動かないものと思っていると、そうではなく、水平移動する遺伝子がさまざまな形で存在していることが分かってきました。

組み換えＤＮＡ技術は、このプラスミドのＤＮＡに、私たち人間（ヒト）のＤＮＡをつなぎます。

図7を見てみましょう。「制限酵素」という酵素でT-A T-A A-T A-Tという並びのところをちょっとずれた形で切ります。端にＡＡＴＴ、ＴＴＡＡという一本鎖ができますね。私たちの血糖値を正常に保つために必要なホルモンであるインスリンをつくる遺伝子（ＤＮＡ）を同じ酵素で切ると、端は同じようにＡＡＴＴ、ＴＴＡＡとなります。

ここでインスリン遺伝子（ＤＮＡ）とプラスミドのＤＮＡを、リガーゼという酵素でつなぐと、ヒトインスリンＤＮＡが入ったプラスミドができます。これを大腸菌に入れ、その大腸菌を増やすと、ヒトインスリンＤＮＡの入ったプラスミドが増えて、大腸菌が「ヒトインスリン」をつくってくれます。こうして「組み換えＤＮＡ技術を用いてヒトインスリンをつくる」ことができるのです。この技術がなければ、ヒトインスリンを薬として手に入れることは難しいでしょう。

この技術が用いられるようになる前は、ブタのインスリンを用いていたのですが、ヒトのホルモンと全く同じではありませんので、アレルギーを起こしたり、効果がよくなかったりなどの問題がありました。

ですから、ヒトインスリンの技術が生まれたことは、インスリンがうまく分泌されない

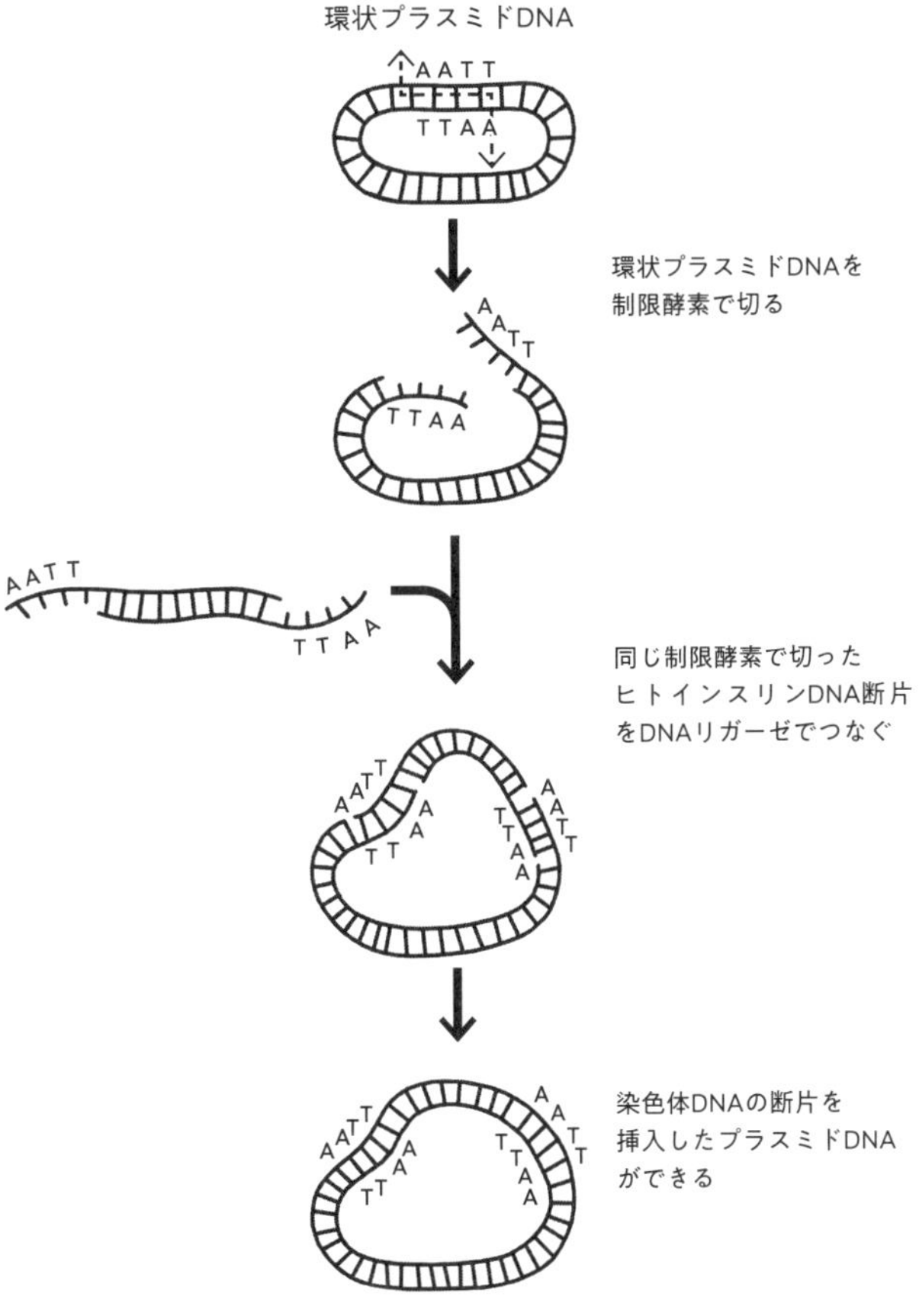
環状プラスミドDNA
AATT
TTAA
環状プラスミドDNAを
制限酵素で切る
AATT
TTAA
AATT
TTAA
同じ制限酵素で切った
ヒトインスリンDNA断片
をDNAリガーゼでつなぐ
AATT
TTAA
AATT
TTAA
染色体DNAの断片を
挿入したプラスミドDNA
ができる

図7　組み換えDNA技術でヒトDNAを大腸菌の中に入れる

出典:『あなたのなかのDNA』(ハヤカワ文庫) の図をもとに作図

ために、糖尿病になっている人には福音と言えます。

　こんなことができるとは、１９６０年代まで誰も考えませんでした。この技術は、このような薬づくりだけでなく、ヒトのＤＮＡを取り出して大腸菌の中で増やし、私たちがどのような遺伝子を持っているかを調べる研究に大いに使われ、「生命科学による人間の研究」を可能にしたのです。

　最初は「大腸菌の中にあるＤＮＡに人間のＤＮＡを入れる」なんてとんでもないことだと研究者も思いました。そこでヒトＤＮＡはもちろん、他の生きもののＤＮＡを取り込んだプラスミドを持つ大腸菌が自然界で増えることがないように扱う約束事をつくって慎重に進めることにしました。この約束事は原則、今も守られています。

　でも、「ヒトのＤＮＡが大腸菌の中で増える」ということは、ヒトでも大腸菌でもＤＮＡは同じようにはたらくという自然界の摂理があるからこそできるのです。ＤＮＡは本来両方の生物で同じようにはたらくようにできているのだということを、まず受け止め、人間という存在を生きものの中に位置づける、つまり人間だけが特別なものではないということを知るのは大事なことです。

そのうえで、自然界ではヒトのＤＮＡが大腸菌のプラスミドの中に入ることはまず起こらないだろう。それを人間の手で行っているのだということはしっかり認識し、問題のない形でこの技術を使うことが必要です。

実は遺伝子を動かすために最初に利用しようとしたのはウイルスでした。ウイルスには病原性があることが知られていますから、これは危ないとされ、プラスミドが用いられることになったという経緯があります。

私たちのゲノムの中にあるウイルスの足跡

組み換えＤＮＡ技術を例に、私たちヒトの遺伝子と、プラスミドやウイルスのように私たちとは遠い存在と思われているものの持つ遺伝子が全く同じようにはたらいており、したがって、大腸菌の中でヒトのＤＮＡがはたらくということを示しました。

人工の機械でしたら、昔のものは使えなくなります。現在の電子機器は、昔の部品を受け付けてはくれません。でも、生きものは40億年同じシステムなので、すべての生きものに共通性があるのです。これこそ生きものの特徴であり、このシステムの見事さです。

なかでもレトロウイルスは、現在のDNAを中心にしたシステムができる前のRNAワールドとつながりながら今もはたらいているのですから、ウイルスから学ぶことは多いことになります。

レトロウイルスは宿主のゲノムの中に、自分の遺伝子であるRNAをつくる能力のあるDNAを潜《もぐ》り込ませ、それがはたらいてウイルスをつくるということを見てきました。大変な知恵者です。

ところで、さまざまな生きもののDNA（ゲノム）の解析が進んでくるに従って、あらゆる生きもののゲノムには、レトロウイルスのものだけでなく、さまざまなウイルスの遺伝子に相当する配列が入っていることが分かってきました。

ヒトゲノム、つまり私たちの細胞の中にあるDNAは、AとT、GとCという塩基対が30億以上も並んでいます（実際の長さは1メートル以上）。これをすべて解析したところ、そのうちタンパク質の構造を指令するところは2％しかないことが分かりました。98％は何をしているのか分からなかったのです。

その中で一番多く、全体の42％にもなるのが、ここからできたRNAがDNAに逆転写される、つまりレトロウイルスと同じことをするものでした。

この場合はウイルスの殻はつくられませんので、ウイルスにはなりませんけれど、ここにあるDNAはレトロウイルスが入り込んだものに違いありません。

このようなDNAを「レトロトランスポゾン（Retrotransposon）」と呼びます（研究が進んだ結果、レトロトランスポゾンの中にはウイルス由来でないものもあることが分かってきましたが、複雑なので、ここではウイルスのことだけ考えることにします。生きものはいつも一筋縄ではいかず、同じように見えて違うものがよく出てきます。これが生きものらしさですが、ここは目をつぶります）。

このようなDNAは、たまたま入り込んでしまったものであって、役には立たないだろうと考え、以前は「ジャンクDNA」つまり「ガラクタDNA」と呼ばれていました。ところが、これも研究が進んだ結果、そのなかに、たとえば脳の形成に関わる遺伝子を活発にはたらかせる役目をするという重要なはたらきをもつもの（エンハンサーと呼ぶ）もあることが分かってきました。またまた生きものの世界は、理屈ではないと思わせる例です。

もう一つ、生きものって面白い、もう少しはっきり言うと変テコだと思わせる例を挙げましょう。

私たちの人生の始まりは、お母さんの子宮の中であり、お母さんと胎盤でつながっています。母親にとっては異物である子どもが体内に存在し、栄養やガス交換をしたり、免疫機能をはたらかせたりして、育っていける仕組みとして胎盤が存在しているのであり、重要な器官です。

この胎盤ではたらく遺伝子を調べると、その中に父親由来のゲノムにあるDNAしかはたらかないものが、かなりあることが分かりました。

胎児は、お母さんとお父さんから、ゲノムをそれぞれ一揃《そろ》いずつ受け継いでいて、その両方がはたらいて生きていくのですが、遺伝子の中にはそのうちどちらか一方しかはたらかないものがあり、それを「ゲノム刷り込み」と呼びます。

胎盤ではたらく遺伝子のうちゲノム刷り込みを受けているものが15個あり、そのうちの10個がお父さんからのものだと分かっています。こんなところでお父さんが活躍しているなんて、面白いですね。

こんな説明があります。胎児は生きていくためにできるだけたくさんの栄養をとろうとしてお母さんに負担をかけます。その胎児をお父さんが応援するのだというのです。そのようにして自分のDNAを残そうとしているのだと。科学では、擬人化をしたり意思があるかのような解釈をしたりすることを嫌いますが、密かにそう思いたくなる現象はよくあります。

科学の約束事は約束事として、DNAのはたらきを「お父さんだって子どものために一生懸命なんだよ」という気持ちの表れと見るのは楽しいと思っています。

刷り込みの話が長くなりましたが、ここで語りたかったのは、この胎盤ではたらくお父さんから来た刷り込み遺伝子の一つが、レトロウイルス由来であるということです。しかもこれがはたらかないと胎盤ができないという大事な遺伝子なのです。改めて、お父さんは大事だと思うと同時にウイルスも隅に置けないと感じます。

ついでにもう一つ、胎盤形成に関わるレトロウイルス由来の遺伝子を紹介します。胎盤には、「合胞体性《ごうほうたいせい》栄養膜」と呼ばれる独特の膜があります。この膜は血液中の成分の中で胎児が必要とする栄養分や酸素は通すけれど、リンパ球などの細胞は通さず、胎児をお母さんの免疫システムから守る大事な役割をしています。

この膜の形成に関わるシンシチンというタンパク質が、これまたレトロウイルスの外側を包む殻にあるタンパク質に由来することが分かってきました。ここでもウイルスの遺伝子が取り込まれてはたらいているのです。

私たちの誕生に関わる大事な仕組みに、これほど深くウイルスが関わっていることが見えてきました。

胎盤に限らず、進化の過程で新しい性質を獲得するところでは、生きもののゲノムに入り込んだウイルスが大きな役割を果たしていることも分かってきました。

新型コロナウイルスのパンデミックに悩まされている日常では、ウイルスは憎いヤツ、困ったヤツとしか考えられませんが、生きものの世界全体を見ると、ウイルスは興味深い役割をもつ存在なのです。黒か白かと割り切れない生きものの世界の一つの姿です。

ウイルスは「動く遺伝子」であることを再確認する

これまでに、ウイルスのもつさまざまな性質を見てきました。そこから見えてくるウイルスの本質はなんでしょう。

ウイルスの姿を簡単にまとめると、遺伝子がタンパク質の着物を着ているものです。ここでの遺伝子はDNAまたはRNAであるところに特徴があります。

そしてその遺伝子（DNAまたはRNA）が、ある生きものの細胞に入ると、そこで増殖すると同時に着物となるタンパク質もつくり、ウイルス粒子をつくることができるのです。

通常、ウイルスについてはこの部分に着目し、増殖して自分と同じものをつくれるのだから生きものっぽい、でも細胞ではないから生きものとは言えないと考えて悩むわけです。けれどもここまでの経緯を見ると、ウイルスの本質はどう見てもその遺伝子（DNAまたはRNA）にあり、それが生態系の中を動き回っていると言うほかありません。

DNAもRNAも、紫外線に当たると壊れますから、裸のままあちこち動き回るのは難しいので、タンパク質の着物を着ているのです。これで答えが見えてきました。

ウイルスは「動く遺伝子」なのです。ウイルスは、それ自身が増えるとか続くとかいうことよりも、生きものの世界をダイナミックにさせるところに意義がある存在なのだと言ってよいでしょう。

前にも述べましたが、私たち、特に私たち日本人は、遺伝子を固定的なものとして考えてきました。親から受け継いだ遺伝子で自分の能力が決まるという気分がなんとなくあったように思います。遺伝子はそんなイメージです。

DNAとはそういうものではないことは明らかです。もちろん、親から受け取りますが、私たちの体の中で一生はたらき続けることが大事で、そのはたらき方は、私たちが置かれた環境によっても変わってくることが分かっています。

しかも、その環境とは、食事や運動など自分の意思で変えられるものですから、遺伝子で決まっていると考えるのは間違っていると言ってよいでしょう。

以前はよく、遺伝か環境かといった議論がありましたが、今は「環境を通して遺伝子がはたらく」という考え方が、実態を表しています。

遺伝子は、英語ではジーン（gene）と言います。これはジェネシス（genesis）という言葉から生まれたとされます。この言葉は起源とか発生という意味ですし、最初の g が大文字になると聖書の創世記になります。つまり、何かを生み出すものというイメージです。遺伝というより、自分がもっているDNAが生きることを生み出している感じです。英語でgeneというのと、日本語で遺伝子というのとでは受け取り方が違うのではないでしょうか。

実は、中国語では最初「起因子」と訳したのですが、その後日本から言葉が入り、遺伝子になってしまったようなのです。「起因子」がよかったのに。

とにかく、遺伝子という言葉を使うときには、これを思い出して、あまり遺伝子で決まるというイメージを持たないようにすることが大事です。

言葉の問題はともかく、遺伝子というものは性質を決めるものであり、やたらに動いたり、変わったりしては困るという受け止め方がされていたのは、どこの国でも同じでした。研究者もそのような考え方をしていました。

ところが、研究が進むにつれ、そのダイナミックな動きが見えてきました。考えてみたらそうですね。生きるということが静的なはずはありません。DNAは動いて、生きものの世界をダイナミックにしています。

「私の遺伝子」というものがあるのではなく、さまざまなはたらきをする遺伝子を、地球の生きものすべてで共有しているのです。そのなかで、ある組み合わせは一つの個体だけ。すべてに共通でありながら唯一無二の個体をつくるところにＤＮＡの面白さがあるのです。

ウイルスは「動く遺伝子」として捉えるのがよいという考えは、ここまでのウイルスの様子を見れば受け入れられると思いますが、実は遺伝子が動くということが研究者のなかで認められるようになったのは、それほど古いことではありません。そこにある興味深い物語を聞いてください。

動く遺伝子はウイルスだけではない

トウモロコシで見つけた動く遺伝子「トランスポゾン」

繰り返しになりますが、遺伝子といえば、安定したもの、決まったものというイメージを研究者も持っていました。しかも、遺伝子はDNAということが見え始めてきたので、そのような物質の一部が動くなどとは考えにくいというのが研究者たちの常識でした。

そのようななかで、遺伝子は動くという実験結果を発表した人がいました。バーバラ・マクリントックという女性です。1902年生まれの彼女は、コーネル大学で植物学の博士号を取り、研究者になります。

女性が正式の職を得ることは難しい時代でしたが、とにかく研究が大好きな彼女は、さまざまな立場で90歳で亡くなるまで研究を続けます。その間、主としてトウモロコシの細胞を顕微鏡でていねいに観察し、染色体の研究をしました。トウモロコシは、重要な食料であり飼料ですから、大事な研究対象です。

トウモロコシは、実の一粒ずつが親株の子どもです。トウモロコシの皮をむくと通常は黄色い粒が並んでいますが、茶色や紫の粒が混じっているものがあります。その染色体を分析すれば、それぞれの中でどのような遺伝子がはたらいているか、つまり親からどのような遺伝子を受け取ったかが分かります。

マクリントックは、トウモロコシの染色体を観察しながら、遺伝子のはたらきを可視化《かしか》する研究を地道に続けました。性質や見かけに関係する遺伝子は、染色体上のどこにあるのか？　それを特定しようとしたのです。

全体的に黄色い粒が多いトウモロコシは、同じ細胞が増えているということで、親から受け取った染色体がそのままはたらいているとても安定的な状態をイメージできます。では、その中に茶色や紫色の粒が入っている場合があるのはなぜなのでしょう？　このとき何が起きているのでしょうか。

まず、マクリントックはトウモロコシの細胞を自分で考えた方法で染色し、観察することによって、染色体が10種類20本あることを発見しました。世界初の成果です。また、これによって遺伝子が染色体上にあることも証明しました。

さらにマクリントックは、同じ苗のトウモロコシは同じ遺伝子をもつはずなのに、傷ついた染色体をもつ実から育ったものは、葉や茎に斑点《はんてん》や縞模様ができることに着目しました。

6年間、トウモロコシの遺伝子を観察した結果、生殖細胞が生まれる減数分裂の際に、遺伝子が染色体の中を移動していると考えなければ、この現象を説明できないということに気付きます。

1951年、マトリントックはシンポジウムで、本来はACという遺伝子が1個あるトウモロコシの実の中に、ACを二つもつ粒と一つももたない粒があることを見つけ、ACの位置が動いたという考え方を発表しました。遺伝子の位置が動く、つまりトランスポジション（Transposition）があるというのです。

その時、会場内には「石のような沈黙」が広がったと言われています。

当時は、遺伝子は単純に複製されていくと考えられていたので、染色体の中で遺伝子が位置を変えたといっている彼女の論文は奇想天外なものでした。誰も理解することができなかったのです。

その後、分子生物学の技術が発展し、遺伝子をDNAとして解析できるようになりました。その結果、ショウジョウバエの実験などで、遺伝子が動くことが分かってきたのです。このような遺伝子をトランスポゾン（Transposon）と呼びます。

1983年、トランスポゾンの発見により、バーバラ・マクリントックは81歳で、ノーベル生理学・医学賞を受賞しました。受賞の報告を受けた彼女は、「あらまあ」と一言。いつものように、トウモロコシ畑へ出て行ったというエピソードが、私は好きです。

一つの細胞の染色体の中で、位置を移す一塊の遺伝子、つまり動く遺伝子トランスポゾンは、トウモロコシだけではなく、さまざまな生きものの細胞に存在する一般的なものと分かり、「遺伝子は動く」ということが、研究者の頭の中に入りました。皆さんの頭の中でも、ダイナミックな遺伝子像ができ上がりますようにと願っています。

細胞間を動く遺伝子「プラスミド」

ウイルスを「動く遺伝子」と捉えようというところから、実は遺伝子の研究の結果「トランスポゾン」と呼ばれる、細胞の中にある染色体の上を動いてその細胞がもつ性質を変える遺伝子があることを見てきました。自然界はとても豊かでダイナミックです。

トランスポゾンに目を向けていくと、また別の動く遺伝子「プラスミド」が見えてきます。この言葉は、1952年、アメリカの分子生物学者ジョシュア・レーダーバーグによって提案されました。

マクリントックのシンポジウムでの発表が1951年、ファージを用いてDNAが遺伝子であることが明らかにされたのが1952年だったことを思い出してください。この頃、怒濤のように遺伝子に関して新しい研究・新しい考え方が生まれたのです。楽しそう。

プラスミドは、組み換えDNA技術に利用される大事な存在としてすでに紹介しましたが、ここで改めて、その発見のところから見ていきます。プラスミドは、大腸菌などの細菌だけでなく、古細菌などの細胞にも存在します。酵母にも存在することがあります。細胞内に、ゲノムDNAとは別に、環状になった2本鎖構造の小さなDNAがあり、ゲノムDNAとは別に複製をします。

細胞が増殖し、生育するための遺伝情報は、ゲノムDNAにあり、プラスミドには生命活動に不可欠な遺伝情報はありません。

レーダーバーグは、大腸菌を培養していると細胞同士が接合し、一方の細菌からもう一方にDNAが送り込まれる場合があることを見出しました。1946年のことです（1958年にノーベル賞を受賞）。

ＤＮＡを送り込む細菌には、Ｆ因子（稔性プラスミド）というものがあり、それをもたない細菌に出合うとそれを渡します。プラスミドは自分だけで複製し、細菌内に複数ありますから、相手に渡しても自分にも残っています。Ｆ因子は時々染色体の中に入り込み、染色体の一部を引き連れて他の細菌に入ることもあります。こうして、細菌のＤＮＡが他の細菌に移動します。細菌は分裂で増えるだけで多細胞生物のようなオス・メスはいないのが原則ですが、Ｆ因子をもっている大腸菌はそこに自分の遺伝子をつなげて、Ｆ因子をもっていない大腸菌に運び込みます。こうしてＦ因子のある大腸菌はオス、もたない大腸菌はメスのような状態になるのです。このように遺伝子が動き、新しい組み合わせの遺伝子をもつ大腸菌が生まれます。

Ｆ因子は大腸菌同士の接合で移動するだけですが、異種の細菌に入り込む接合因子も知られています。とにかく、遺伝子は決まりきったところに止まらず、生きものの間を、あちこち動いているものであるということが分かってきました。このような因子にプラスミドという名前が付けられました。

トランスポゾンは、一つの細胞の中で染色体の上を動いて性質を変える動く遺伝子でした。プラスミドは、細胞から細胞へと移動できる遺伝子です。その特徴を活用して、組み換えＤＮＡ技術が生まれ、さまざまな研究に使われているのです。

この技術が、遺伝子を扱っていることを忘れてはいけないことはもちろんですが、遺伝子には本来、動く性質があるのですから約束事を守り、問題を起こさない使い方をしていくことだと思います。

土壌菌の一種であるアグロバクテリウムがもつプラスミドは、自分でプラスミドを切断して、植物のゲノム上に遺伝子を導入するという性質があります。

２００４年、サントリーはオーストラリア企業との共同研究によって「青いバラ」の開発に挑戦しました。青いパンジーから遺伝子を取り出して、アグロバクテリウムを用いて遺伝子導入を行い、青いバラをつくりました。ちなみに、青いバラの花言葉は「不可能」でしたが、この成功を機に「夢かなう」に変更されたそうです。

一方で、自然界の中でトランスポゾンやプラスミドが、問題を起こしている例があります。

悩ましい例として「多剤耐性菌」を見ていきます。この言葉は聞いたことがおありでしょう。結核菌の感染症である結核は、かつて日本では「国民病」と呼ばれていました。堀辰雄の『風立ちぬ』に見られるように、若者の生活にも大きな影響を与えた病気です。

それが1950年代以降、結核が不治の病ではなくなります。その理由は、抗生物質ができたからです。結核の特効薬であるストレプトマイシンの登場によって、結核の治癒率《ちゆりつ》は劇的に高まりました。けれども、抗生物質には耐性菌ができやすいという難点があり、薬を長い間使っていると効果がなくなります。そこで新しい抗生物質・カナマイシンを開発するなど、次々と新しい薬の開発が続きました。けれども、それにも耐性菌が出てくるので、耐性菌と新薬開発の追いかけっこが続きました。そのなかで誕生したのが多剤耐性菌です。多種類の抗生物質への耐性を獲得した細菌が現れたのです。

耐性菌は、遺伝子の「変異」によって出てくるに違いありません。

ところで、一つの遺伝子に変異が起こる確率は、細胞が10万から1000万回分裂する間に1回程度です。たしかに、1種の薬への耐性はこのような頻度で現れました。そ

緊急性「重大」	
アシネトバクター・バウマニ	カルバペネム耐性
緑膿菌	カルバペネム耐性
腸内細菌科細菌	カルバペネム耐性
緊急性「高」	
エンテロコッカス・フェシウム	バンコマイシン耐性
黄色ブドウ球菌	メチシリン耐性・バンコマイシン耐性
ヘリコバクター・ピロリ	クラリスロマイシン耐性
カンピロバクター	フルオロキノロン耐性
サルモネラ菌	フルオロキノロン耐性
淋菌	セファロスポリン耐性・フルオロキノロン耐性
緊急性「中」	
肺炎レンサ球菌	ペニシリン非感受性
インフルエンザ菌	アンピシリン耐性
赤痢菌	フルオロキノロン耐性

表2　WHOによる新規抗菌薬が緊急に必要な薬剤耐性菌のリスト

出典:WHOのプレスリリース（2017年2月27日）をもとに作成

こで、2種類の薬への耐性という変異が同時に起こる確率を考えると、100億分の1から100兆分の1になるはずです。それにしては耐性菌が多すぎます。それどころか、5、6種類もの薬剤への耐性をすべて獲得した細菌も出てきました。そんなに高い確率での変異はありえません。

この問題については、特に日本の研究者が精力的に研究を行い、多剤耐性菌の裏にはトランスポゾンとプラスミドの存在があることを明らかにしました。

それぞれの薬剤の耐性をもついくつかのトランスポゾンたちが一つのプラスミドに組み込まれ、それが細菌から細菌へと移動して、さらに蔓延していたのでした。

薬を使えば菌は死滅し病気は治ります。しかし、薬によって普通の菌が死んでも、耐性菌は生き残るので、薬を使えば使うほど、耐性菌を選択する環境をつくることになり、多剤耐性菌を広めてしまうのです。なんとも困ったことです。

短期間に信じられないような変化を起こすのは動く遺伝子のはたらきによることを知り、自然はさまざまな形で力を発揮するものだと驚くほかありません。

結核についても、１９８０年代くらいから再び患者数や死亡者数が増え始め、「再興感染症」として注目されるようになりました、自然界との付き合いの難しさをここでも思い知らされます。

新型コロナウイルスの感染拡大が続くなかで、ただ、コロナウイルスだけを見ているのでなく、ウイルスとは一体なんなのだろうと考えてみたら、思いもよらない広がりが見えてきました。

まずウイルスは、タンパク質の着物を着た遺伝子であり、それがさまざまな生きものの細胞に入り込むものであり「動く遺伝子」と捉えると、その本体が見えてくることが分かりました。

すると、このような遺伝子は、ウイルスに限らずさまざまな形で存在していること、つまり遺伝子は、これまでの固定的イメージに反してダイナミックに動き回っていることが分かりました。

私の遺伝子、人間の遺伝子などと、一つところに囲い込まず、ある意味、生きものの共通性を支えているものと受け止めることが、実態に合っているようです。

もう一つ、細胞の中の遺伝子は、2本鎖DNAと決まっていますが、ウイルスの場合、2本鎖DNAの他に1本鎖DNA、2本鎖RNA、1本鎖RNAと、さまざまな姿があることも分かりました。これはおそらく生きものの長い歴史を反映しているのでしょう。こうしてウイルスは、生きもの全体がもつ長い時間と大きな広がりを見せてくれます。

長い進化の時間、多様な生きものたちの存在という生態系の本質に関わるところにウイルスがいると言えます。

ウイルスを知るということは、生きているとはどういうことかを知ることと言ってもいいかもしれません。

私は「生命誌」という新しい知を創っているのですが、これまで生きものだけに注目して進化や多様性を見てきました。そこにウイルスがさまざまな形で関わっていることが分かった今、ウイルスを知りたいと強く思っています。

悩ましい存在――巨大ウイルス

ウイルスは、「動く遺伝子」であるとして、生物か無生物かという、従来よく問われてきた切り口とは違うところから答えを出して考えてきました。

ところで、自然界、特に生きものが関わる世界は、常にきれいに割り切れない課題を突きつけてきます。ここでも、まさにこの課題が出てきました。ウイルスは「動く遺伝子」であるという考え方を変える必要はないと思ってはいますが、巨大ウイルスという、また思いがけないものが登場してきました。

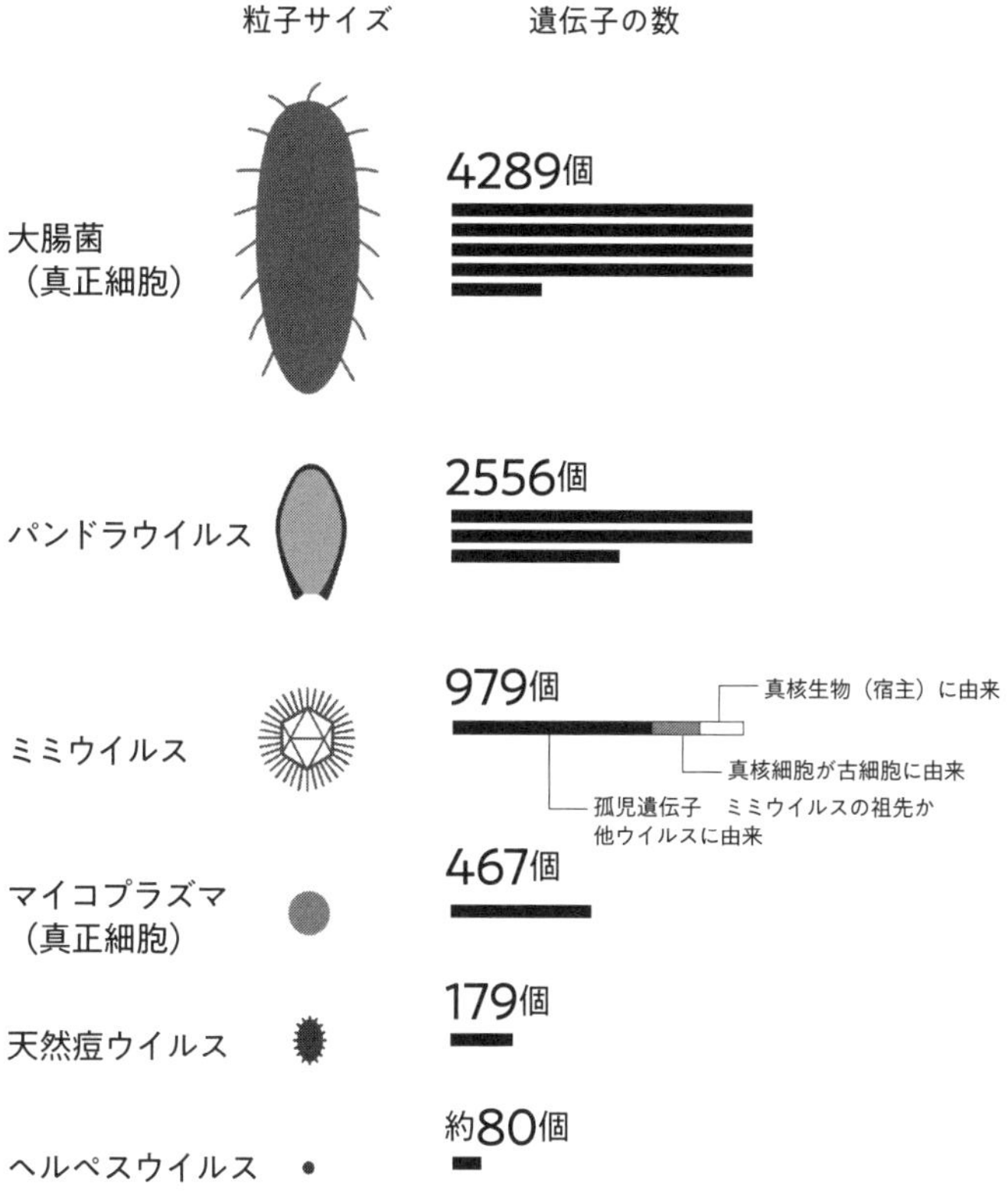

図8　巨大ウイルスの大きさ比較

出典：季刊生命誌84号
「巨大ウイルスから見える新たな生物界の姿　緒方 博之」を参考に作図
提供：JT生命誌研究館

ウイルスの発見のところで述べたように、ウイルスは濾過性病原体と呼ばれる小さな存在であるところに特徴があるとされています。大雑把には、0・2マイクロメートルという大きさに線を引き、細菌はそれより大きく、ウイルスはそれより小さいと考えることができます。

ちなみに浄水器には0・2マイクロメートルの孔が空いています。つまり細菌を取り除くようにできているのが普通です。この大きさは光学顕微鏡で見える限界なので、細菌は顕微鏡で見えるけれど、ウイルスは見えないという区別にもなっていました。

ところが、21世紀に入って間もなく、具体的には2003年に0・4マイクロメートルという大きさをもつウイルスが発見されました。表面を覆う細い毛の部分まで含めると0・95マイクロメートルにもなります。

実はこのウイルスは、1992年、英国の病院の空調設備の冷却水から見つかっていたのですが、この大きさですから当時は細菌とされました。けれども細菌ならもっているはずのリボゾームRNA（タンパク質を合成する場であるリボゾームを構成するRNA）をもっていないことなどから、細菌ではなくウイルスとするほかない存在であることが分かってきました。とはいえこのウイルス、大きいだけあって中に入っているゲノム（2本鎖DNA）も、120万塩基対と大きいのです。これは細菌のレベルであり、遺伝子も979個とウイルスとしては破格の数になります。

どんな遺伝子をもっているのかを調べてみると、タンパク質合成に関わるtRNA（transfer RNA：転移RNA）や、これにアミノ酸をつける役割をする酵素の遺伝子でした。酵素遺伝子は4つあります。アルギニン、システィン、メチオニン、チロシンという4つのアミノ酸用の酵素です。通常ウイルスは、このような遺伝子はもたず、すべて感染した細胞のものを利用するとされてきたのに、ここで例外が出てきました。

とはいえ、細胞は20種類のアミノ酸に対応する酵素をもっているのに、このウイルスでは4種類だけ。これではウイルス用のタンパク質をつくることはできません。なぜこんなものが存在するのか、謎です。

生きものの世界らしいといえばそうだなと思わざるを得ない話です。ちなみにこのウイルスは、ミミウイルスと名付けられました。細胞に似ているというので mimic（模倣する）

という意味を込めて付けられた名前です。

ミミウイルスは、感染した細胞の中でウイルスをつくり出す構造体をつくります。そこでつくられたウイルスが細胞外へ出ていくのです。感染後、遺伝子とタンパク質がバラバラになり、細胞の力によってそれぞれつくられた遺伝子とタンパク質の殻とが一緒になってウイルスができるという、これまで見てきたウイルスとは違う増え方をします。

ミミウイルスの発見後、巨大ウイルスと呼ばれる大きなウイルスがいくつも見つかるようになりました。ミミウイルスより大きなメガウイルスは、tRNAにアミノ酸を付ける酵素を七つ、つまりミミウイルスより三つ多くもっています。タンパク質には20種類のアミノ酸がありますから、この酵素は少なくとも20種は必要です。もしかしたら、もっとたくさんの酵素をもつ巨大ウイルスがいるのかもしれません。だんだん遺伝子を失っていき、今では一つも合成酵素の遺伝子をもたずにすべて感染（寄生）した細胞任せになったのだと考えることもできます。これからどんな巨大ウイルスが見つかるでしょう。まだまだ知らないことがいっぱいです。

巨大ウイルスの世界は、次々と新しいことを示します。あと二つ見ておきましょう。

一つは「パンドラウイルス」です。これはゲノムがとても大きく、2556個のタンパク質の遺伝子をもっています。実はその中の2155個はこれまでに知られている遺伝子とは違っており、一体どのようなはたらきをもつものかも分かりませんでした。調べた結果、いくつかのはたらきが分かり、そのうちの2個は、tRNAにアミノ酸をつける役割をする酵素でした。残りの遺伝子のはたらきが解明されるとどんなことが分かってくるでしょう。ウイルスが何を語るか楽しみです。

もう一つは、「メドゥーサウイルス」です。巨大ウイルスを多く発見している武村政春（東京理科大学教授）が北海道の温泉で見出しました。これは、ミミウイルスがもつ遺伝子にはない、ヒストンというタンパク質の遺伝子をもっています。

ヒストンは、私たち人間のような多細胞生物を構成している真核細胞の核の中にあるDNAを、染色体という形で存在させるときに必要なタンパク質です。真核細胞は20億年前に誕生したのですが、メドゥーサウイルスのもっているヒストン遺伝子は20億年以上前からあったことが分かりました。これと真核細胞との関係はどうなっているのか、またまた新しい問題が出てきました。

さらに研究を進めた結果、海の中に多くの巨大ウイルスがいることが明らかになると同時に、陸上のさまざまな生きものの中にも存在することが分かってきました。巨大ウイルスはそれほど珍しいものではないらしいのです。

ウイルスは「動く遺伝子」として生態系のダイナミズムを支えているという考え方を基本に置くとしても、そのありようはとても多様で複雑であることが見えてきました。生物多様性といいますが、ウイルスの世界もまさに多様です。ＤＮＡまたはＲＮＡをもつ粒子であり、何かの細胞に寄生して、それがもつ遺伝子やタンパク質を作る能力を利用して自身をつくっていくという共通性はもちながら、本当にさまざまな様相を示していることが分かりました。

「生命誌絵巻」の中にウイルスを入れることによって、生きものの世界の実態がより明確に見えてくると思っていますが、それは複雑な系として見えてくるのであり、考えなければならないことはこれまで以上に増えました。それこそが生きものの本質なのではないでしょうか。

ウイルスはどこから来たのか

生きものの世界を支える遺伝子は、動き回るものであることが分かり、それをさまざまな形で見せてくれるのがウイルスであると考えてきました。しかし、それはあまりにも多様で複雑です。近年発見された巨大ウイルスによって、その複雑さはさらに増しました。

ここでどうしても、ウイルスはいつどのようにして生まれたのだろうということが知りたくなります。起源については、生きもの自身いつどのように生まれたのか、まだよくは分かっていません。

ただ、多くの人が、40億年ほど前の海の中にはＬＵＣＡ（Last Universal Common Ancestor」と名付けられている、地球上生物の共通祖先がいたと考えています。それは、ＤＮＡを遺伝子とする細胞でしょう。地球上のあらゆる生物に対してウイルスが存在しますから、この祖先細胞が生まれた頃からウイルスは存在していただろうと考えることができます。

では、最初のウイルスはどのようなものだったか。分かりませんというのが実情ですが、よく言われている仮説は三つほどあります。

一つは、ウイルスは地球上に最初に生まれた細胞からだんだんと遺伝子を失い、能力を失いながら存在してきたという考えです。特に巨大ウイルスはそのような考えを持たせる存在といえます。

他の二つは、前に少し触れましたが、DNAを遺伝子とする生きものが生まれる前に存在したと考えられるRNAワールドの名残という考え方です。一つは、RNAワールドで生まれた原始細胞がだんだん能力を失っていったという考えです。もう一つは、RNAワールドの中で、RNAがタンパク質の殻を被り、細胞内に入り込む能力をもつものが生まれたという考えです。

現実にRNAウイルスが存在しているところから、RNAワールドまで戻って考えるのが妥当だろうと思ってはいますが、実際にはまだ「分からない」というしかありません。なんと分からないことの多い世界なのでしょう。

第4章

ウイルスと人間

ウイルスとどう付き合うか

新型コロナウイルスという言葉が毎日のニュースに登場するようになった２０２０年の初め頃は、多くの方がこれを撲滅するにはどうしたらいいかと話していました。現代社会は、なんでも○か×か答えを出すことを求める傾向があり、こんなに人間を悩ませる悪いやつには×をつけて撲滅するほかないと思ったのでしょう。

けれども相手は、なかなか手強く、感染者数が少し収まってきたかと思うと、変異株が登場してまた拡散するなど、一筋縄ではいかないことが見えてきました。そこでウイルスとの共存という言葉が聞かれるようになりました。

これまで書いてきたようなウイルスの本態を知れば、撲滅という対象ではないことは明らかです。コロナウイルスに限らず、さまざまなウイルスを考えれば生きもののあるところにウイルスありという形で生態系ができてきたとしか考えられませんから、共存するしかありません。

共存ということは、お互い関わり合わずにそれぞれ存在していきましょうという形ではないことは明らかですし、ウイルスの本質から考えて、私たちの細胞に感染して、時に死に至る症状を引き起こすこともあることが分かっているのですから、どのように付き合うかをよく考えなければなりません。

細菌は、基本的には私たちと同じ細胞でできていますから、病原体の場合、細胞が生きることのできない環境をつくって対処できます。抗生物質の利用は、細菌(原核細胞)と私たち人間(真核細胞)をつくっている細胞の生き方の違いをうまく使って、細菌だけを生きられないようにするという巧みな戦略です。

ウイルスは自分だけでは増えることができず、私たちの細胞を利用しており、独立した存在ではないだけに厄介です。でもそのような存在だからこそ、遺伝子としての歴史を残してきたのだといえます。ウイルスが誕生してから今日までの40億年についてよく考え、そこから学びながらウイルスとの付き合い方を考える必要があります。

46億年の地球の歴史のなかで、RNAワールドから現在のシステムに移行するまでの間に行われた生命誕生へ向けてのいろいろな試みに、ウイルスも関わったはずです。その中でたまま生まれたＤＮＡをもとにした細胞が現存の生きものまで40億年続いてきたわけであり、そこにはウイルスが常に関わってきました。40億年続いたという事実が、生命を支えるシステムの見事さを示しています。

このシステムがあったからこそ、私たちもここにいるわけですから、そのことを前提に生き方を考えなければいけないはずですのに、現代社会は自然離れをすることを進歩としてきました。私たちの体の中にある大事な生きものの歴史を、ある意味では否定して、そうではない形で生きるのが人間の「賢い生き方」としてきたのです。

ウイルスと付き合いながら生きる方法を考えるとしたら、それは生きものの歴史を踏まえた生き方しかありません。これまで述べてきた事柄をよく見つめ、「ウイルスを入れた生命誌」の中での生き方を考えていこう――新型コロナウイルスのパンデミックが教えてくれたことです。

ウイルスと腫瘍

遺伝子は、「私の遺伝子」というような形で固定されたものではなく、すべての生きもので共有されているものであり、しかもそれがさまざまな形で動き回っているのだということが、ウイルスを通して見えてきました。このダイナミズムが、さまざまな生命現象と関わるのです。

その一つであるがんとの関連を見ていきます。

新型コロナウイルスやインフルエンザウイルスなどは、感染が死につながる場合もありますが、通常は一時的な炎症を引き起こしても短期間で収まります（新型コロナの場合、味覚障害や倦怠《けんたい》感など、複雑な後遺症が見られる場合があり、気になりますが、まだその解明はなされていません）。

それとは異なる、がんという病気とウイルスがどう関わるのか。知っておきたいことです。

ウイルスとがんの関わりの研究の歴史には興味深いものがあります。よく知られているのは、B型やC型の肝炎ウイルスによる肝炎が、肝がんにつながるという例でしょうか。

ウイルス感染してもすぐにがんが発生するのではなく、何年もかかることが多く、しかもがんを進行させるのはウイルスだけでないことも少なくないので、ウイルスのはたらきの研究は正確には分かっていない場合もあります。今のところ、表3に挙げたようなウイルスが知られており、研究が進んでいます。

研究の歴史を追いますと、ここでもまたウイルスについて考えさせられることが出てきますので、それを見ていきます。

最初に、ウイルスとがんとの関係が見つかったのは、ニワトリでした。20世紀初頭の1908年、デンマークの科学者が、ニワトリの白血病に感染性があることに気付きました。

白血病になったニワトリの細胞の抽出液は、濾過器を通した後でもニワトリ白血病を引き起こすという成果が報告されました。ただ、当時は白血病ががんであるとは思われていませんでしたので、ウイルスとがんとの関わりが見えてきたとはなりませんでした。

研究の歴史を見ていると、さまざまな事柄がうまく重なり合ったときに「新発見!」となるのであって、大事なことを見つけているのに評価されないことがよくあります。

原因となるウイルス	がんの種類
B型・C型肝炎ウイルス（HBV、HCV）	肝臓がん
ヒトパピローマウイルス（HPV）	子宮頸がん、陰茎がん、外陰部がん、膣がん、肛門がん、口腔がん、中咽頭がん
エプスタイン・バーウイルス（EBV）	上咽頭がん、バーキットリンパ腫、ホジキンリンパ腫
ヒトT細胞白血病ウイルス1型（HTLV-1）	成人T細胞白血病／リンパ腫

表3　ヒトのがんに関連のあるウイルス
出典：「国立がん研究センターがん情報サービス」より

DNAを遺伝子と認知するまで、遺伝子が動くことが分かるまでの過程でもそういうことがあったことをすでに示しました。

1911年になると、米国のP・ラウスが、ニワトリではっきり腫瘍《しゅよう》と分かる肉腫《にくしゅ》が同じように濾過した液によってできてくることを示しました。後にこの液にウイルスが見出され、今ではそれは「ラウス肉腫ウイルス」と呼ばれているのですが、当時はウイルスの同定はできませんでした。

しかも当時は、がんは毒性のある化学物質によって引き起こされると考えられていましたので、ラウスの仕事はあまり評価されませんでした（もっともウイルスが同定された後の1966年になって、ラウスはノーベル賞を受賞しています。B・マクリントックのことを思い出します）。

その後、ウサギの皮膚がん、マウスの乳がんなどにウイルスで起きるものが見つかり、がんと関わるウイルスの存在は確実なものになっていきます。

そこで、人間のがんと関わるウイルスもいるに違いないと考えられるようになりますが、それがなかなか見つかりません。

そんななかで、1961年に「アフリカでの小児がん」について、英国の外科医、デニス・P・バーキットが行った講演がきっかけで動きが始まりました。

バーキットは、子どもたちのがんがたくさん発生する村とほとんどそのような子どもがいない村があることに気付いたのです。そこで、アフリカ各地を回り、その発生数を示す地図をつくりました。そして、この病気が発生するのは、非常に暑くて湿度の高い地域であり、マラリアの発生と重なることを見出したのです。マラリアと同じように蚊によって媒介される病原体があるのではないか。バーキットはそう考えました。

答えを先に言ってしまうと、蚊によって広がるという予想は当たってはいませんでしたが、病原体はたしかに存在し、その実体はウイルスであることが確かめられます。

確認したのは、ラウス肉腫ウイルスの研究をしていた、A・エプスタインです。彼は、バーキットの講演を聴き、ここで話題になっている病原体はウイルスの可能性が高いと思い、試料《しりょう》を手に入れウイルスを探します。大変な苦労の末に、やっとそれがヘルペスウイルスの一種であることを突き止めました。1964年のことです。

こうして、アフリカで見つかった小児がんは「バーキットリンパ腫」、その原因となるウイルスはエプスタインとその助手のE・バーの名前をとって、エプスタイン・バーウイルス（EBV）と名付けられました。

多くの腫瘍ウイルスがそうなのですが、感染したからといって必ず腫瘍になるとは限りません。アフリカのその地域では気付かずに多くの人に感染しているという状況が起きているのです。

とにかく、ヒトに感染するがんウイルスがあることが分かったのは大きな一歩でした。その後、143ページの表3に挙げたウイルスが次々と発見されました。どのウイルスも高率に発生する地域があります。

ヒトの腫瘍ウイルスの一つでもある、ヒトT細胞白血病ウイルス1型（HTLV-1）の研究は日本で行われました。話は1976年、京都大学の高月清がT細胞系の白血病患者に出会い、ATL（Adult T-cell leukemia）と名付けたところから始まります。患者は、沖縄、九州、四国に多いことが分かり、原因としてウイルスが疑われました。

そこで、熊本大学でエプスタイン・バーウイルスを扱っていた日沼頼夫がATLを引き起こすウイルス探しを始めました。多くの研究者の協力により、ATLの患者の血液にあるT細胞を培養し、それをATLの患者の血清に加えると抗原抗体反応をすることが分かりました。そしてついにT細胞から放出されているウイルスを電子顕微鏡で捉えることができたのです。この成果が、最先端の成果発表の場である『アメリカ科学アカデミー紀要』に載ったのが1981年でした。

実は1980年に、エイズウイルスの研究で有名な米国のR・ギャロが同じ雑誌に、このウイルスをレトロウイルスとして紹介していました。日本で研究されたウイルスもこれとまったく同じであることが分かり、表にあるように名付けられ、レトロウイルスとしての研究が進められました。

その後がん研究会がん化学療法センターの吉田光昭が、このウイルスの全塩基配列（9000個余）を決定し、そこにこれまでのレトロウイルスには見られなかった遺伝子を発見しました。また、このウイルスが母乳を通して母子感染することも見出されています。

なぜ日本の特定の地域に、このウイルスがいるのかという問いも含めて、腫瘍ウイルス、レトロウイルスの分野の研究が着実に進められたことで、この分野の研究に力がつきました。日本のウイルス研究・がん研究が着実に進んだ道をつくった一つの研究として心に残る事例です。

ATLには、効果的な治療法もワクチンもないのですが、輸血の際にHTLV-1がないことを確かめること、母親が感染者の場合、子どもに母乳を与えないようにすることなどで、感染を抑えられます。

この病気の分布、つまりウイルスの分布は、それをもった人間の分布、そこに至るまでの移動を語っていることが分かりました。ウイルスから、人類の移動の歴史が見えてくるというのも興味深いところです。

病気の分布の研究から意外な地域同士がつながっていることも分かってくるなど、まさにウイルスは生命誌に関わっていると痛感します。

ウイルスは単なる病原体ではない。けれども、したたかな病原体でもある。物事は一面的には見られません。生きものの世界はいつもこのようなのです。

このほか、肝炎から肝臓がんにつながるB型肝炎ウイルス（HBV）とC型肝炎ウイルス（HCV）も興味深いウイルスですが詳細は省き、がんとウイルスというテーマはひとまず終えます。

というのも、このテーマを考えていると、自然に浮び上がってくる大事な出来事があるからです。生命誌に深く関わることですので、それに話を移します。

ライフサイエンスの誕生から生命誌へ

がんという、死因の一位となっている病気の原因を突き止めたい。

医療関係者はそう思い、私たちも早く原因を突き止めてほしいと強く願っていたのが、

20世紀半ばの状態でした。そこに放射線や紫外線、多様な化学物質など、さまざまな原因の一つとして、ウイルスが浮び上がってきたわけです。

感染したからといって必ずがんになるわけではないとか、発症までに長い時間がかかるとか、通常の感染症とは異なる事柄が見えてきて難しいのですが、病原体をつかまえるというのは現代医学の基本ですので、腫瘍ウイルスへの関心は高まっていきました。

そのようななか、１９７０年にある出来事が起きました。

１９６０年代の米国の科学技術関係者の目は、月に向いていました。NASAを中心とした「アポロ計画」は、当時ソ連（現ロシア）が１９５７年に打ち上げた、世界初の有人宇宙船「スプートニク」によって与えられた衝撃をバネに、進められていました。「１９６０年代のうちに月に人を送る」というケネディ大統領の言葉通り、１９６９年7月にアポロ11号に乗ったアームストロングらは、人類として初めて月面を自分の足で踏んだのでした。

素晴らしい成果ですが、巨額の予算を投入しての国家プロジェクトには疑問もありました。「これは私たちの日常にどう関わるのですか。私たちの生活はよくなるのでしょうか」

と。

月面着陸の成功を見ることなく、ケネディ大統領が1963年に暗殺されるという、予想もしなかった事件も起きました。ケネディに代わって大統領になったニクソンは、新しい科学技術政策を立てることにしたのです。リーダーとして新しい目標を立てたいという気持ちと、もっと日常に近いもので国民の感情を惹《ひ》きつけたいという気持ちが重なり、「がんとの闘い（War against Cancer）」という行動指針が出されました。

このプロジェクトを考え出し、指針を出した専門家グループは、具体的にはがんウイルスを徹底的に調べることを考えていました。前に書いたようにちょうどヒトの腫瘍ウイルスが存在することが明らかになってきていたからです。

ウイルスの研究には、医学だけでなく生物学も本格的に参加しなければなりません。そこで米国の科学予算に、医学と生物学を合わせた「ライフサイエンス」という項目が生まれたのです。日本語にするなら「生命科学」です。

それから半世紀が経ちましたが、その間の生命科学研究の驚くような進展を思うと、それがウイルスをきっかけとして始まったということを、今改めて思い出しています。

がんの克服という明確な目標をもち、しかし、そこへの道はまったく分からない状態のなかで、ウイルスが手がかりになったのです。

研究には、性質がよく分かっている材料を用いる必要があります。腫瘍ウイルスとしては、レトロウイルスであることがはっきりしているラウス肉腫ウイルスがあります。ニワトリでウイルスとがんの関係が分かれば、人間でのがんを知ることにつながるはずです。

まず、ラウス肉腫で高温では感染してもがんを引き起こさない変異ウイルスがあることが分かりました。温度を下げるとはたらき、がんを起こす遺伝子があるということです。この変異体を特徴づける遺伝子はＳｒｃ（サーク）と名付けられました。これはがんを引き起こす原因遺伝子のはずです。この遺伝子はどこから来たのか。

放射性標識をしたＳｒｃ遺伝子を合成し、ニワトリのＤＮＡの中にこれと同じ塩基配列を探したところ、まったく同じではないけれど、とてもよく似たＤＮＡがあることが分かりました。

「ウイルスの中にあって感染したニワトリの細胞で、がんを引き起こす遺伝子（Ｓｒｃ）は、本来ニワトリ細胞のＤＮＡにあった遺伝子ととてもよく似ている」のです。

予想もしなかったことになってきました。

このような遺伝子がどんなはたらきをしているのかは、トリ赤芽球症《せきがきゅうしょう》（がんの一種）を引き起こす遺伝子アーブβ（ｅｒｖβ）で明らかになりました。これは細胞増殖因子のレセプターをリン酸化するときにはたらく遺伝子だったのです。これが変異して増殖の様子が変化するということでしょう。

「がんを発症していない動物がもっているある遺伝子が、変異を起こすとがんになる。これは人間でも同じだろう。つまり私たちの細胞の中に、がんの原因となる遺伝子がある」ということになってきました。

変異を起こすとがんの原因になる遺伝子を、「原がん遺伝子」と呼びます。

こうしてがん研究は大変革を起こします。ウイルスを探すのではなく、私たち自身のもつDNAの中に、原がん遺伝子を探すことになったのです。

その結果、1983年に、初めて人間のがん遺伝子が発見されました。膀胱がんの患者から採取したがんの細胞を培養して調べることによって見出されたのです。この時の世界中の研究者の喜びようといったら……。「これで、がんが分かった！」とみんなが思った。

当時の雰囲気はそうでした。

感染症の場合、病原体（細菌やウイルスなど）と病気との関係は一対一です。たとえば結核は、結核菌が細胞内に寄生して、人間の免疫システムが結核菌を細胞ごと排除しようとして、組織が破壊されるという病気です。結核菌に感染して発生する病気は100%結核で、誰がかかっても機序《きじょ》や症状はほとんど同じです。

そう考えると、がん遺伝子が存在すれば、人間はがんになる。今、がん遺伝子が手に入ったのだから、これを調べていけば、すべてのがんについて理解が進み、がんを治すことができる！　と思ったわけです。

その後、膵臓《すいぞう》がんの遺伝子が見つかり、大腸がんや胃がんのがん遺伝子も見つかりました。次々と、さまざまながん患者からがん遺伝子が見つかります。

それらをすべて調べて分かったことは、「がん遺伝子は一つではない」ということでした。がんの部位、患者によって、がん遺伝子はさまざまで、とても一律に考えることはできないのです。

このような研究から、さまざまな原がん遺伝子だけでなく、「がん抑制遺伝子」の存在も見えてきました。抑制遺伝子がはたらかなくなるとがんになるのです。がんは、細胞の増殖やそれぞれの臓器でのアイデンティティーに異常が起き、異常に増殖したり転移したりするのですから、生きるというメカニズムそのものと関わる複雑な病気です。がんの話が主題ではありませんので、本書ではこれ以上細かいことには触れません。ただ、当時研究者社会が活気づき、早くがんの原因を明らかにし、治る病気にしようという機運が高まったことを思い出します。そしてそれは、生きるとはどういうことかを知る生命科学研究そのものであることが分かってきたのです。

がんという病気は、そういう点でも特殊であるといえるでしょう。当時、世界中のがん研究者が次々とがん遺伝子を発見していたのですが、がん遺伝子とがんの関係は一対一ではなく、複数の遺伝子が段階的にはたらいてだんだんにがん化していく様子が見えてきました。関わる因子が膨大で、かつ複雑で、こつこつと研究していっても、なかなか全体の仕組みが見えてきません。

1980年代半ばになると、人間のもつ遺伝子をすべて知らなければ、がんは分からないと考える研究者が出てきました。

私は、米国のがん研究のリーダーであるR・ダルベッコが1985年に書いた文で、その考え方を知りました。すべての遺伝子を知るには、人間のもつDNAのすべて、つまりゲノムの解析をしなければなりません。

こうして「ヒトゲノム解析プロジェクト（Human Genome Project）」が始まったのです。膨大な予算がかかりますし、当時の技術で現実的に解析ができるのかという疑問もあり多くの反対がありました。しかし、ダルベッコはみんなから尊敬されていた研究者で、さらにDNA二重らせんの提唱者であるワトソンからのサポートもあり、ヒトゲノムプロジェクトは国際的な形で始まりました。

そして2003年、ヒトゲノム解析の第一段階が完了しました（完全解読は2022年のことです）。これだけの大プロジェクトなのに、かなりのスピードでやり遂げたといえるでしょう。特に素晴らしいのは、世界中の研究者が協力して完遂《かんすい》したということです。この間に解析技術の開発も急速に進みました。

この動きで、がん研究はもちろん、生命科学研究が新局面を迎えたと言ってもよいでしょう。今では、ゲノム解析が生きもの研究の基盤になっていると言っても過言ではありません。それまでの研究は、モデル生物と呼ばれるマウス、ショウジョウバエ、シロイヌナズナなど特定の生きものを対象に進められてきましたが、ゲノム解析が可能になって以降、さまざまな生きものの研究ができるようになりました。そこには人間も入ります。生命誌の時代になったと思います。

ところで、「がんとの闘い」のプロジェクトは、１９６０年代には月に行くという目標を決めて遂行された「アポロ計画」に倣《なら》って始めましたので、「10年後にはがんを撲滅する」という元気のいい掛け声で始まりました。その結果については言わずもがなです。50年以上経った現在も、がんという病気はなくなっていません。けれども、がんはかつてのような不治の病ではなく、治る病気になってきました。治療法や薬もたくさんできました。がん研究の成果です。

ただ、がんの研究が進んでも、アポロ計画が月に到達して終了したように、プロジェクトの完遂は難しい。それが生きものの世界です。

「がんとの闘い」という考え方そのものが、生きものの世界にそぐわないのです。もちろん、がんの研究、治療法の開発は必要ですが、「撲滅」や「終わり」ということはないのではないでしょうか。これはウイルスについても同じことです。ウイルスの撲滅はないのです。

闘って制圧すると考えず、ウイルスもがんも、それが存在するということを前提にして、ある意味折り合いをつけながらわれわれは生きていく……そういう方法しかないのだと思います。

それが生きものの世界の特徴です。日常の言葉でいうと、「○か×かではない世界」です。

アポロ計画の場合は、失敗した、あるいは成功した。つまり○か×がはっきりしますが、生きものの世界は○か×かではありません。常に○があり、一方で×もある……その両方がある状況で動いています。

新型コロナウイルスについても、そういうことを意識して暮らしていくことになるのでしょう。もちろん、新型コロナウイルスの蔓延をそのままにしておくわけではありません。ワクチンを接種して、必要な場所ではマスクを着用するなど、できるかぎりの対応をしなくてはいけませんし、コロナ対策の自粛生活が原因で仕事などに支障が出る人たちに対しては、それを改善するためのサポートが必要です。

けれども、新型コロナウイルスをゼロにしようとする発想は間違いです。生きものの世界について考える時には、○か×かの発想ではないようにする。頭をそのように切り替えていく必要があるのです。

研究から見えてきたウイルスの意味と感染の問題

新型コロナウイルスによるパンデミックを体験することで、ウイルスをよく知らなければならないと思って考え始めたところ、感染の問題にとどまらず、ウイルスの本体について考えることになりました。さらに、がんやゲノムにまでつながりました。

そこで分かってきたのが、遺伝子がとてもダイナミックに動いているということでした。親から子に渡されるという本命とされてきた縦の動きに対して、さまざまな生きものの間で横に移動する遺伝子が浮き彫りになったのです。ウイルスは動く遺伝子であり、生きものの世界をダイナミックなものにする役割をしていると言えます。

そのようなものであるがゆえに、生命現象の基本を知ろうとする研究にウイルスが大いに役立ってきたことも明らかになりました。

そもそも遺伝子の本体がＤＮＡであることを明らかにする実験は、ファージ（バクテリアに感染するウイルス）を用いて行われたのでした。ＤＮＡがタンパク質の殻を着ており、細胞内に入って増えるというファージがあったからこそ、明快な答えが出たのです（76ページ参照）。

そしてまた、がんという2人に1人がかかると言われる疾病の原因を知り、治療法を開発するという大きなプロジェクトを具体的に始め、成果を上げつつあるのは、そこにウイルスが関わっていたからです。研究が進展するきっかけを与えてくれたのはウイルスです。「生きている」ということを考えるとき、あちらこちらで顔を出してくる、ウイルスはそのような存在としてこれからもあり続けるのでしょう。

もちろんウイルスの意味が見えてきたからといって、感染症、特に最近顕著になっているエマージング・ウイルスや、今回私たち日本人も体験したパンデミックなどが引き起こすマイナスは、個人にとっても社会にとっても大きな課題です。

人間社会の中で、ウイルスに限らず、いわゆる感染症が問題になり始めたのは、狩猟採集社会から農耕社会へと移行し、定住が始まった時だとされます。

これまでの歴史観からは、この時こそまさに人間が人間らしい生活を始め、そこから次々と進歩を重ねる文明生活への道を歩み始めた素晴らしい時代とされてきました。ところが近年、この考え方に疑問が出され始めています。

1万年ほど前から始まった農耕社会では、それまでよりも体力的にきつい労働をしなければならなくなっただけでなく、労働時間が長くなり、さまざまな病気に悩まされる生活になったというのです。

農耕社会への移行は、人間が自然を支配しようという意識の誕生と重なります。これは地球環境問題を抱える現代社会につながる考え方であり、生命誌としてはその見直しをしなければならないと思っています。ここでは感染症の問題に限って見ていきますが、すでに述べてきたように、ウイルスを見ても、人間がそれを支配するという考え方は成り立たず、その存在の意味を考えながら、それが存在することを前提にした生き方を考えるのが現実的であることが分かってきたのです。新しい生き方を探らなければなりません。

定住化し、穀物をつくり、家畜を飼って生きる社会では、移住時代より人口が増え、そこにはさまざまな生きものたちが集まることになります。スズメやカラスのような鳥、ネズミなどの哺乳動物が増えれば、ノミ、ダニ、ヒル、カ、シラミなど動物たちに寄生している小さな生きものも身近にいるようになります。

細菌やウイルスも、人間が高密度で暮らすようになればなるほど増えやすくなり、なかには病原体もあるわけです。

本来はコウモリに寄生していた新型コロナウイルスが、人間が森林などを活用するようになり、それと近づくことで感染するようになったのだと言われます。

少人数で常に移動して暮らしていた時に比べて、農耕社会では病原体が感染するリスクが高まり、事実、感染による死亡は増えたという事実が見えてきました。

それなら以前の狩猟採集生活に戻るのがよいのかと問うなら、答えはノーでしょう。一度ある方向に動き始めた社会が、後戻りすることはありません。

そして今、新型コロナウイルス感染症のパンデミックに悩まされているからといって、これまでの歴史を否定することはできませんし、それに意味があるとは思えません。ただ、これまで述べてきたように、地球上に暮らす多様な生きものについても細菌やウイルスについても多くのことが分かってきたのですから、そのうえで歴史を見直し、これからの生き方を考えることには意味があります。今、手にしている知識をもとに、自然との関わりを考えることは大事です。

私たちの文明へのスタートの仕方は、決して素晴らしいと手放しでほめられるものではなかったことを知ったうえで、これからを考えるのは大事な挑戦であり、人間は常に挑戦する存在であったことも思い出したいものです。

生命科学が可能にしたウイルスへの対応

新型コロナウイルスは、さまざまな側面で私たちに多くのことを気付かせてくれていますので、これを現代文明、つまり私たちの生き方を考え直す機会にしようというのが、本書の狙いです。これまでに見てきたウイルスが教えてくれる遺伝子の姿はさまざまなことを考えさせます。つまり、ここでの生き方の見直しで重要なのは、これまでの科学で得た知識はすべて活用したうえで、これまでの科学が求めてきた自然を外から見て支配・操作する対象として見る進歩型ではない文明をつくることです。私たち人間が生きものであることを忘れずに生きる社会を考えることです。

そこで、具体的にウイルスについて21世紀の生命科学があったからこそできた対応を、簡単にまとめます。

科学技術がこれだけ進歩した社会で、たかがウイルスにやられっ放し、パンデミックにまでなってしまったなんて情けない。多くの方がそう思われたでしょう。「なぜ、まだ終息しないのか?」とイライラしている方もいるかもしれません。

すでに述べたように、ウイルスはしたたかな存在であり、撲滅して終息させることは本質的に難しい、そもそもそのような存在ではないと言ったほうがよいわけです。とはいえ、感染を抑えることは大事です。そして新型コロナウイルスへの対応は、ある面、従来のウイルス感染症と比較すると、未知のウイルスによるパンデミックにもかかわらず、ずいぶん迅速だったと言えます。分子生物学や生化学、生物情報科学、そして医学など、近年生命科学が急速に進展しているからこその対応と言ってよいでしょう。しかし一方で、感染しても症状が出ないとか、嗅覚《きゅうかく》異常や倦怠感といった面倒な後遺症があるなど、これまであまり体験しなかった現象にも出合い、生きものの世界の複雑さを実感したとも言えます。具体的にどのようなことができたのか、そこにどのような問題があるかを簡単に見ていきます。

ゲノムが解析できたこと

がん研究から始まり、ヒトゲノム解析へと展開した生命科学についてはすでに紹介しました。今では、ある生きものについて研究したいと思ったら、それのもつゲノムを解析することが当たり前になっています。

これはとても大きなことです。これまでウイルスの性質を調べるには、かなりの量のウイルスが必要でした。感染させて増やし、その性質や消える仕組みを調べる……という解析を地道にやらなければならず、それにはとても時間がかかりました。

ゲノム解析であれば、極端に言うならウイルスが一つあれば、そのゲノムを分析できます。

ヒトゲノム解析プロジェクトの場合は、技術開発をしながら、しかも30億個以上の塩基が並ぶ大きなゲノムを解析したのですから、時間もかかり、費用は約３０００億円かかったと言われます。

それから約20年の月日が流れ、今ではゲノム解析のコストも時間も１００万分の１になったとされます。あなたが自分のゲノムを知りたいと思えば、それが可能な時代になったのです。先端医療の現場でのニーズが高かっただけでなく、ヒト以外の生物での研究も進み、急速に技術革新が行われた結果です。

ゲノム解析によって、新型コロナウイルスはアルファ、デルタ……と次々新しい変異株《へんいかぶ》が見つかりました。ギリシア文字が足りなくなるぐらいの勢いです。このように多彩な変異株をすべて捉えて特徴を理解し、どう対応すべきかを迅速に考察できたのは、ゲノム解析のおかげです。まず中国のチームが解析し、その後各国で解析がなされました。これが新型コロナウイルスを理解するための基本データになったのでした。

ＰＣＲ検査と抗原・抗体検査

新型コロナウイルスの検査で、一躍有名になったのがＰＣＲ法です。これは遺伝子を短時間で大量に増やす技術です。

まず、ウイルスが感染しているかどうかを確かめるために、ウイルス粒子を見つけるのではなく、ウイルスの遺伝子（ＤＮＡやＲＮＡ）を探せばよいと考えます。鼻を綿棒で拭って採取した液や唾液などにウイルス遺伝子が存在しているかどうかを調べるのです。もっともそこに存在するウイルス粒子にある遺伝子は少量です。実際にＤＮＡやＲＮＡを調べるためにはたくさんの試料が必要になりますので、ＰＣＲ法で遺伝子を増やします。この技術では１００万倍以上に増やすことが簡単にできるので、ウイルスが一つか二つあれば大丈夫なのです。

ＰＣＲ（Polymerase Chain Reaction）とは、ポリメラーゼ連鎖反応という意味です。細かい説明は省きますが、必要なＤＮＡの二重らせんを高温で2本に分離し、高温でもはたらく酵素ポリメラーゼを用いて、そこから二重らせんを合成するのです。これを何度も繰り返すと欲しいDNAが分析可能な量、手に入ります。新型コロナウイルスはRNAウイルスですから、前に紹介した逆転写酵素（92ページ）を使ってRNAをDNAにしてからPCR反応にかけます。

この技術がなかったら、ウイルス感染の検査やその分析にも相当な時間がかかり、その間に感染拡大がさらに進み、大変なことになっていたでしょう。そしてPCR技術が利用できたのは、ゲノム解析によって新型コロナウイルスのRNAが素早く分析されていたからだということを忘れてはなりません。

新型コロナウイルスの特徴の一つに、無症状の人が感染源になるということがありますので、無症状の人が移動して、他の人と接触することでウイルス感染を拡大させてしまう危険があります。PCR検査によって、無症状の人の中から感染者を見つけ、他の人への感染を抑えられたことは感染拡大を抑制する効果がありました。

私もこの数年、かなりの数の会合にオンラインで参加してきましたし、対面の場合も会食は本当に安全になってからにしましょうと控えてきました。感染が少し収まってからは、対面での参加を求められることもありましたが、そのときはPCR検査キットが送られてきました。唾液を送ってすぐに陰性というメールが届くとホッとします。このような日々が続き、外出がままならず、人と会うときは必ずマスクをしなければならないという日常がうっとうしくなってくるのは人情というものです。ウイルスごときに振り回される毎日を送っているこの状態をなんとかできないのだろうか……少しイライラし始めた頃に、5類への転換がなされたのはありがたいことでした。一方で、ウイルスの存在を忘れるのは危険と自分に言い聞かせながらの日が、今も続いています。

このように今回のパンデミック体験では、科学が大切な役割を果たし、もしそれがなかったらもっともっと面倒なことになっていたに違いないことが明らかです。もし科学がここまで進んでなかったらどうなっていただろうと思うと、怖くなります。私たちとしては、科学についても実態をよく知りながら、自分のこととして考えていくことが大切です。

すべてを科学に任せるのではありません。日常の感覚はどんなときにも生かされるものであり、それを失ったら上手に生きることはできません。最近、私たちは機械に頼りすぎているところがあります。危険を察知する能力は、自然の中で暮らしていた縄文時代の人の方が優れていたのではないかと思います。とはいえ、そこに戻るのは馬鹿げたことでしょう。

科学など無関係と思うのでも科学にすべてを期待するのでもなく、科学を適切に評価することを忘れないというのが、現代の社会での暮らし方なのだと改めて認識したこの4年間でした。これからもそれは変わらないでしょう。

抗原検査はこれまで毎年の定期健康診断でのインフルエンザの検査でお馴染みです。鼻の奥に綿棒を入れるのはちょっと抵抗がありますが、なんとか我慢してというところです。

新型コロナウイルスの場合も同じようにして感染を調べることができますので、必要な場合は検査を受けることです。

他に抗体検査があります。これは、以前に感染したことがあるかどうかを調べるものであり、集団免疫が成立しているかどうかを知るのに役立ちます。社会全体の60%が抗体をもてば、集団免疫成立とされ、一応安心な状態と言われています。

ただ、新型コロナウイルスの場合、はしかのように一度免疫がついたら一生大丈夫というものではなく、免疫がそれほど長く続かないようなので、抗体があったからもう大丈夫と気を抜いてはいけないと言われています。ウイルスによって免疫の状態が異なるというのも、生きものの世界の面倒な一面です。

ワクチン――特にmRNAワクチンの活躍

幸い、新型コロナウイルスについてはゲノム解析を含めての研究によって、相手の正体をかなりのところまで知り、検査をして暮らすという態勢ができました。

日常生活では三密を避け、手洗いをし、健康に気をつけて、免疫力を高めることが基本です。必要なときはマスクです。仕事についてはオンラインの活用など、密な方向へと進んできた社会を少し変えるというおまけもついてきました。

強制的な触れ合いの禁止は、本来の姿ではありませんが、「密でない暮らし方」も一つの選択として重要なことは、この4年間で分かってきました。

このような暮らし方を、余裕のある生き方への道として、上手に選択していくことは、これから大事なことです。

ところで、ウイルスへの対応といえば、本命はワクチンです。

ウイルスが感染すると、私たちの体は免疫の力でそれに対抗します。しかも、この時にできた免疫細胞は、次に同じウイルスが入ってきた時はすぐにはたらいて症状が出る前にウイルスを排除します。これを獲得性免疫と呼びます。

そこで、病気を起こさないようなウイルスを用いて、この免疫を持たせようとして考え出されたのが「ワクチン」です。具体的には、不活性化したウイルスや弱毒化したウイルスを用いてきたのが、これまでのワクチンでした。

これまで私たちは、そのようなワクチンを用いて、さまざまなウイルスに対応してきたことは、感染症の歴史ですでに見ました。

ここでは、今回の新型コロナウイルスでのパンデミックで、実際にワクチンはどのように用いられ、どこに問題があったかということを見ていきます。ここでも生命科学の研究成果が生かされたことが分かると同時に、それでもなおウイルスは侮れないことを再確認することになるでしょう。

２０２０年初めに、新型コロナウイルスでパンデミックが起きるかもしれない状況になった時、誰の頭にも浮かんだのはワクチンでした。細菌感染の場合の抗生物質のような薬はウイルスにはありません。

今、私たちの暮らす社会が乳幼児死亡率を下げ、インフルエンザなどの感染症を蔓延《まんえん》させずにいるのは、ワクチンのおかげです。ところで、これまでのワクチンは、前述したようにウイルスを不活性化したワクチン、弱毒化ウイルスを用いる生ワクチンでした。今まで接することのなかった新型ウイルスが出てきたのですから、それを増殖させて、ウイルスそのものを大量に手にしない限り、このようなワクチンはつくれません。安全性のチェックも不可欠です。

これまでの例ですと、ワクチン接種ができるようになるまでには、長い時間、具体的にはウイルスに出合ってから5年、時には10年かかりました。新型コロナウイルスの場合、その感染拡大のスピードが早かったので、通常のワクチン生産のやり方では間に合いません。幸い、実際には通常の長さに比べたらあっという間と言っていいほどの早さでワクチンが登場しました。ゲノム解析でウイルスの固定が素早くなされたことはすでに述べました。

生命科学ではワクチンについては新しいタイプが考えられ、実際にその研究が進められていました。けれども、COVID-19という現実に向き合うまで、私たち日本人は感染症より生活習慣病に関心をもち、したがって、ワクチンもあまり話題になりませんでした。日常、目にする科学雑誌でもがんや認知症などについての情報が多く、感染症は話題になりませんでしたから。

けれども、実際には感染症の歴史のところで見たように、世界に目を向ければ、途上国では感染症が問題になっていますし、エマージング・ウイルスという形で、私たちも自分のこととして感染症を考えなければならない状況だったのです。

もう一つ、がんに対してもワクチンの有効性が知られ始めており、がんワクチンの研究も盛んに行われています。

今回のような騒ぎにならない限り私たちは気づきませんが、研究者や医療関係者は、地道な研究を続けていました。これはとても大事なことです。

近年、役に立つ研究を求める声が大きく、しかもそれは人々が求めるものに応えるようになっています。ワクチン研究が示すように、専門家の立場から基礎を固めておく必要がある研究は少なくありません。新型コロナウイルスのワクチン開発の経緯は、この問題を浮き彫りにしました。

地道な研究のおかげで、新型コロナウイルスに対するワクチンは、新しい形で非常に素早く開発され、感染の流行が始まった1年ほど後には、日本でもワクチン接種が始まりました。これほど迅速にできた背景を考えると、長い間の研究者の努力が浮び上がってきます。目の前だけを見るのではない研究の大切さを改めて感じたのが、今回のワクチン開発です。

新しい形のワクチンは、ウイルスそのものを用いるのではなく、ウイルスの一部分を用いるものであり、ウイルスそのものを必要としないところに特徴があります。新しいタイプのワクチンとしては「組み換えタンパクワクチン」「ウイルスベクターワクチン」「DNAワクチン」「mRNAワクチン」などがあります。どれも先端的研究を利用していますので、この文字を見ただけでは一体どんなものかはお分かりになりにくいでしょう。それぞれ生命科学の大事な研究から生まれているのでここでは細かいことは省きますが、それぞれ大事な方法であり、今後新しいウイルス感染が起きることがあればこれらの新技術を活用したワクチンが利用されるでしょう。

最初に開発されたのは、組み換えDNA技術を用いて、感染した細胞に抗体をつくらせるのに必要な部分をつくる「組み換えタンパクワクチン」です。

この方法でつくられたものでよく知られているのは、B型肝炎ワクチンであり、ウイルスの一番外側にあるエンベロープのタンパク質を組み換え、DNA技術で酵母につくらせました。見事な成果です。B型肝炎は、がんに移行する危険性の高い疾病ですので、このワクチンの価値は非常に大きいと言えます。

その後開発され、現在、新しく登場するウイルスに対して用いられるようになったのが、DNAワクチンと、今新型コロナウイルスで用いられているmRNAワクチンです。ここまで読んでくださった方は、DNA、RNAと聞いて、ウイルスの遺伝子を思い出されたことでしょう。

DNAワクチンは、細胞に抗体をつくらせるタンパク質の遺伝子を接種して、私たちの体内でそのタンパク質、つまりワクチンをつくるという方法です。ここで用いるDNAは、大腸菌を用いて大量に増やせます。ウイルス自体を増やしてそれを用いるという従来のワクチンよりはるかに早くつくれます。

そしてもう一つがmRNAワクチンです。mRNAという言葉は、高校で生物学を選択した方は聞いたことあるなと思われるかもしれません。日常会話に出てくる単語ではありませんが、新型コロナウイルスのワクチンの話をする時には、必ず出てきますので、今やどこかで聞いたなという言葉になっているのではないでしょうか。

このmは「メッセンジャー」です。ここで少々生物学の話が必要になります。私たちの遺伝子DNAは、細胞の中の核と呼ばれる特別な場所にあります。このDNAのA、T、G、Cの並び方が、細胞が必要とするタンパク質合成の指令になるのですが（74ページ参照）、DNAは一生はたらかなければならない大事なものなので、核の中に入ったままです。

実際にタンパク質合成をする工場で指令を出すために、核の中にあるDNAがもっているA、T、G、Cの情報を写し取って工場現場まで運ぶ役割をするのが、メッセンジャーRNA（mRNA）であり、これはタンパク質合成の役割を終えたら壊れます。DNAの安定性に対して、こちらはもろい存在です。

そのためDNAとは違って安定性を求められるワクチンとして役立つとは思われていなかったのですが、1990年、マウスの筋肉にmRNAを注射したところ、体内で抗体となるタンパク質が合成されることが分かりました。必要なタンパク質の合成を司令するmRNAが利用できるならその方が直接的です。そこで、ウイルスの殻にあるスパイクタンパク質、つまり感染時に最初にはたらくタンパク質をつくるmRNAを打てばワクチンとしてはたらくという考え方が出てきました。

とはいえ、外から入ってくるRNAに対しては、過剰な免疫反応が起き、なかなか実用できる技術にはなりませんでした。

2005年になって、カタリン・カリコとドリュー・ワイスマン（2023年ノーベル生理学・医学賞受賞）らが、画期的な論文を出しました。彼らは、細胞が死んだ際に出てくる自分のRNAはあまり攻撃されないことに目をつけ、これを調べたところ、塩基の情報が一部変化していることが分かりました。そこで、それを真似して、RNAの中のU（ウラシル）を、「シュードウリジン」と呼ばれる少し構造の異なる塩基に変えたところ、過剰な免疫反応が起こりにくくなったのです。

こうして、mＲＮＡワクチンへの関心は高まり、さまざまな研究が進みました。特にがんの抗原タンパク質をつくるmＲＮＡを用いたがんワクチンは、多くの研究者の関心を呼びました。製薬会社でも盛んに研究が進められました。

mＲＮＡは、そのまま細胞に入れると、酵素で分解されてしまいますから、脂質やタンパク質のカプセルに入れて送り込み、届いたところでmＲＮＡが放出されるような工夫が必要です。

今では、ウイルス粒子と同じくらいの大きさの膜の中に、mＲＮＡを入れた袋を入れ込むなど、多くの工夫がなされ、今私たちが受けている新型コロナウイルスのmＲＮＡワクチンも、その成果を生かしてつくられています。

１９９０年以降、30年の研究があったからこそ、新型コロナウイルスワクチンは、迅速につくられ、パンデミックを現在の状況に抑え込めたのです。実際の開発の経緯を見ると、がんワクチンをつくろうと努力をしていた研究者が、新型コロナウイルスの感染が始まったことを知り、がん研究を素早く止めて、ウイルス感染を抑制するためのワクチン開発に切り替えたことが実効につながった事情が見えてきます。地道な研究の必要性を忘れてはいけないと思うと同時に、社会の動きに敏感に反応して自分が役立てることは何かを考えて行動する能力も非常に重要だと強く感じました。研究者のありようを考えさせられる事態でした。

今回、ワクチン生産で、日本が活躍できなかったという事実が気になります。

実は、日本でもカタリン・カリコらと同じような研究が行われていました。むしろ先行していたかもしれないと言われています。けれども、以前日本でのウイルス流行が見られなかったという事情もあってその研究が評価されず、凍結されたのです。考え込みます。

近年日本はあまりにも近視眼的に研究成果を求めすぎて、余裕をもって研究者がじっくり考え、基礎的な研究をする雰囲気が消えている感じがあります。

今回のmRNAワクチン製造の経緯を見ると、カリコの基礎研究を、ドイツの会社・ビオンテックが生かしたという、二つの事象が浮び上がります。役に立つ研究ができるためには、その根っこになる研究がなければなりませんし、必ずしも成功を保証されているわけではない技術を採用する企業の決断が必要です。これが成り立つには、裾野の広い、余裕ある科学の存在が必要なのではないでしょうか。

ビオンテックの研究者は、がんのワクチン開発を進めていたのですが、21世紀に入ってウイルス感染にも目を向けなければいけないのではないかという感覚をもち始めたのだそうです。時代感覚です。

そこで、インフルエンザワクチンに関心をもち始めていたところへ、新型コロナウイルスが登場したので、すぐに研究体制を組み直し、新型コロナワクチン開発を始めています。研究は、単なる流行や経済との結び付きで行われるのではなく、研究者の内発的要求からなされてこそ、役立つ研究もなされやすいということが、この事例からもよく分かります。研究の実績が生かされなかったという事実から、日本の研究のありようの見直しが必要だと感じざるを得ません。

新型コロナウイルスについては、mRNAワクチンだけでなく、DNAワクチンや従来使われてきた不活化ワクチンも作成され、新型コロナウイルスへの対応は、確立したと言ってもよい状況になりました。とはいえ、繰り返しになりますが、これでこのウイルスについては安心ということではない、常に考え続けなければならないというウイルスとの関

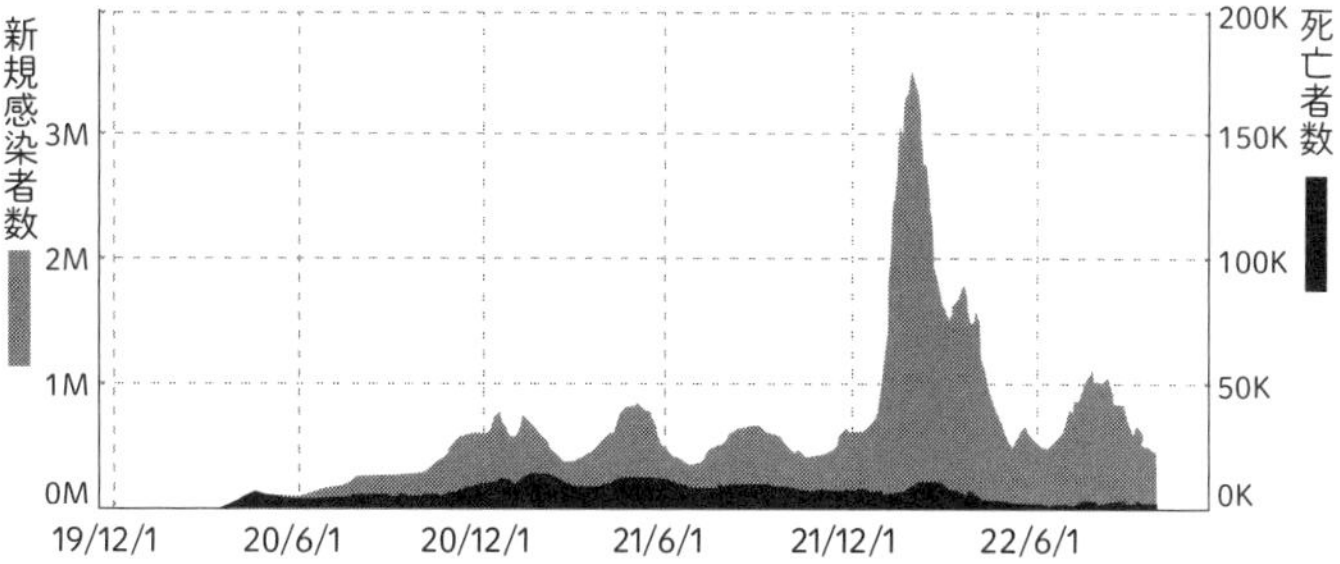

図9　世界の新規感染・死者数の推移

出典：ジョンズ・ホプキンス大学HPのデータをもとに作図

係は変わりません。しかも、ウイルスは他にもたくさん存在し、現代社会の暮らし方は、これまでは森の奥に潜んでいたウイルスを表に引っ張り出すような方向に動いているのです。今回の体験から学ぶことは、このような現代文明を見直してウイルスに落ち着いて森にいてもらうようにすることだと思っているのですが、それには時間が必要です。当面、ウイルスを意識することです。

ワクチンがあっても

この図はお馴染《なじ》みです。新型コロナウイルスの感染が収まったと思うと、また増えるという繰り返しでした。なぜこんなことが起きるのでしょう。最初の頃は小さな波でしたが、第5波で高くなりました。

そのとき聞いたのが、第4波まではアルファ株だったけれど、今度はデルタ株だということです。つまりウイルスが変異をしたのです。感染者が増えたり、ワクチンを打つなどして収まるかに見えたりする中で変異株が出てくるのです。

そもそもRNA型のウイルスはとても変異しやすい性質をもっており、ある意味、DNA、RNAの世界を賑《にぎ》やかにしている存在です。大きな目で見ると、生きものの世界のダイナミズムの一つかもしれません。新型コロナウイルスは、変異を月に2回ほど起こしていると聞き驚きました。

変異は、増殖しているとき、つまり感染したときにしか起きませんから、感染者が多いほど変異も多くなります。感染の抑制は新しい変異ウイルスを生み出さないためにも重要です。

オミクロン株は、それまでのウイルスに比べて感染力は強いけれど、致死率は低いことが分かっています。ウイルスから見れば、広がっていく能力を獲得したことになり、変異によって感染に有利なウイルスが生まれ、それが生き残るのだという経緯が分かります。

ウイルスのありようとしては、なるほどそうかと納得する話ですが、人間の側からは困ったこと……ウイルスの実情を理解して対応していくことを学ぶのが、これからの生き方になるのでしょう。

変異株への対応や、そもそもワクチンにはつきものの副反応の問題などもあり、ワクチンの重要性は認めながらもワクチンさえあればよしとはなりません。

ここで、誰もが思いつくのは治療薬です。ウイルスの場合、ウイルスの増殖を抑える薬があれば安心です。インフルエンザではタミフル、リレンザなどの薬が使われていますが、これは新型コロナウイルスには有効ではありません。

エボラ出血熱を起こすウイルスに対して開発された、レムデシビルが新型コロナにも有効ということが分かり、用いられましたが、やはり一つひとつのウイルスについて薬の開発をしていかなければなりません。バクテリアに対する抗生物質のような薬はウイルスにはありませんので大変です。

感染初期には、抗体を点滴できる、またウイルスが引き起こす炎症に対しては抗炎症剤を用いるなど、さまざまな対応があります。治療を可能にするにはウイルスをよく知ることです。とにかく、ウイルスという存在を、常に意識していくことになるのは、治療という面からも浮び上がってくることです。

現代社会は、よいか悪いかを明確にし、悪いものは消していくという考え方で動いています。新型コロナウイルスの感染拡大についても、当初は、ウイルスの撲滅という言葉が聞かれました。けれども、そうはいかないこと、というよりそのような考え方が間違っていることが分かってきました。ウイルスをよく知り、それがあることを前提に生きる社会を考えていかなければならないのです。

ウイルスによって、生きものの世界のダイナミズムが見えてきました。ウイルスが見せている世界をよく見て、これからの生き方、これからの社会のありようを考えることが、今やらなければならないことなのではないでしょうか。

ゲノム解析、ＰＣＲ、ｍＲＮＡワクチン生産に用いられる技術のいずれもが、生命科学研究の現場で日常的に用いられているものです。それが新型コロナウイルス感染の検知や、予防に直接寄与したので、今では、これらは誰もがどこかで聞いたことのある言葉になりました。今回のパンデミックがなかったら、このようなことは決して起きなかったでしょう。もちろん具体的な技術の内容をすべて理解している方は少ないでしょう。そもそもそれを知ろうという気はないという方も少なくないだろうと思います。それでかまいません。ただ、この言葉が新聞、テレビ、ネットなどで使われる、つまり科学研究が日常と結び付いている事実を、皆が知ることになったのが重要なのです。科学は決して日常と無関係のものではありません。しかも今回の例からも推測できるように、おそらくこれからはますます科学が日常に深く入り込むことでしょう。そのとき、科学はどのようなものであったらよいのか。これはぜひ考えていただきたいことです。

人類にとってウイルス感染症は古くからある問題です。

未知のウイルスとはいっても、基本的な対応は同じです。ウイルス自体をきちんと調べて、ワクチンをつくる。感染しているかどうかを検査する。

パンデミックにおいては、迅速な基本的対応が重要です。新型コロナウイルスは、新しい技術の活用の大切さを明確に示しました。

ワクチンのところで書きましたが、日本は、残念ながらこれらすべてを外国に頼りました。

一人ひとりの生命科学研究者は能力があると思っていますが、社会としての先進的な対応ができなかったという事実には向き合わなければなりません。ＰＣＲキットもワクチンも日本でつくって、変異への対応を速やかにすることができていたら、感染の広がりがこれほどにはならなかったかもしれません。

今の日本の科学のありよう、科学者のありようを考え直す必要を感じました。変化を察知し全体を見て、今何をやるべきかを判断する能力を、科学技術政策を決める政治家や役所の方々、一人ひとりの科学者と研究組織とがもつ国にならなくてはいけないと思います。

東日本大震災時の原子力発電所の事故を思い出します。

現代社会は、世界中がつながっていること、先端科学技術が社会のなかで多く利用されていることなどから、災害の影響が大きくなる危険性をもっています。それを抑えるのは、社会を構成する一人ひとりの意識と専門的知識の組み合わせです。新型コロナウイルスの体験からも多くを学ばなければなりません。

免疫の重要性――体は複雑

新型コロナウイルスとの付き合いのなかで、ウイルスの存在を追う検査、感染を予防するワクチン、感染後の治療薬を備える必要があることは分かりました。治療薬には、ウイルスの増殖の抑制が求められますが、すでに触れたように今のところウイルス一般に通用する決定的な薬はありません。

ウイルスの場合は、やはりワクチンによる予防が有効な対策です。多くの人がワクチンを打ち、いわゆる集団免疫を獲得することで、ウイルスが暴れないようにするのです。これまでに何回も触れましたが、天然痘はその方法で対処し、現在は自然界に天然痘ウイルスは存在しないという状況をつくっているわけです。もっとも油断をして集団免疫を失えば、復活するかもしれませんので、気を付ける必要があります。

このように大切な「免疫」を、ウイルスを「動く遺伝子」として捉える立場から、少していねいに見ておきたいと思います。

改めて確認するなら、ワクチンとは「弱毒性に改変したり死活化などで毒性をなくしたりした病原体（ここではウイルス）やその一部、さらにはそれらをつくり出すｍＲＮＡなどを接種して病気は起こさずに病原体への免疫をつけるもの」です。病気は起こさずにといっても、現実には発熱などの炎症は起きることもあって、副作用問題がワクチンには伴います。ここでも免疫は生命現象であって、個体それぞれという面を避けられない面倒さに向き合うわけです。

ワクチンという概念を生み出すきっかけは、34ページで紹介した英国の医師、Ｅ・ジェンナーによる天然痘での予防法開発でした。18世紀末のことです。ここでは、たまたま牛痘が天然痘に似た弱毒性であったことが幸いしました。

乳しぼりをしている女性の間で、牛痘にかかると天然痘にはかからないと言われていたことから思いつき、牛痘にかかった人の発疹に含まれる膿を、使用人の息子に接種したと言われています。膿の中にウイルスが含まれているのです。ジェンナーは、この子に天然痘の発疹の中にある膿を接種しても天然痘にかからないことを確かめています。今思うと、かなりの危険が予測される人体実験ですが、男の子にとっても、ジェンナーにとっても、私たち後世の人間にとっても幸いなことに、この試みは成功しました。

もっともこの成果は、最初専門家からは無視されたという、これまで何回も見てきた例がここでも見られます。ジェンナーは、試みを繰り返し、認められるところまで行ったという歴史があります。

ここで何が起こり、ジェンナーが天然痘の予防に成功したのかというメカニズムは当時は分かりませんでした。その後私たちには外から異物が入ってきたときに、それから身を守るためにはたらく「免疫」と呼ばれる見事な能力が備わっていることを知ったのです。

免疫のメカニズムはとても複雑ですし、ここでそれを詳細に語る余裕はありません。けれども免疫は、これまでにもたびたび触れた生きもののもつ思いがけなさを思わせる現象ですので、ウイルスに関連することだけ簡単に触れておきたいと思います。

免疫には、異物だったら何でも素早く反応する「自然免疫」と、入ってきたものを識別して攻撃する「獲得免疫」があり、ワクチンによってはたらくのは後者です。新型コロナウイルス用のワクチンで獲得した免疫は、その後新型コロナウイルスが侵入してきたら、それを見つけてやっつけるのです。

ここで起こるメカニズムを簡単に示しますと、まず、マクロファージと呼ばれる（白血球の一種の）細胞が入ってきた細胞を食べ、「このような異物が入ってきた」ということを同じく白血球のリンパ球に知らせます。リンパ球にはT細胞とB細胞という2種類の細胞があり、T細胞はウイルスに感染した細胞を殺したり、リンパ球が増殖してはたらくようにするためのサイトカイン（低分子のタンパク質・細胞間の情報伝達を担う）という物質を生産したりします。この作用により、ウイルスは侵入した人の体内で増えることができなくなります。B細胞の方は、抗体をつくって血液中を循環させ、抗体がウイルスやウイルス感染細胞に結合して、ウイルスの拡散を防ぐのです。

ここで興味深いのは、体内にどのような異物がいつ入ってくるか分からないなかで、どんなものが入ってきても対応できるように数兆個ものリンパ球を骨髄《こつずい》でつくり、血液中に循環させているということです。そのなかにウイルスを捉えたマクロファージと適合する細胞があり、マクロファージに出合った細胞は増殖して自分の仲間をつくりウイルスと闘い始めるのです。新型コロナウイルスのワクチンを打てば、その後1週間ほどでそのウイルスと闘える細胞が準備され、免疫のある体になるというわけです。

このメカニズムが分かったときは、研究者もなんてすごいメカニズムだろうと驚きました。

まず、いつ何が入ってくるか分からないので、何が入ってきてもいいように、いつも数兆個ものリンパ球を準備しているということです。自分と合う異物が入ってこないリンパ球は、特別の役目をしないまま死んでゆくのですから、なんという無駄をしているのだろうと思いませんか。現代社会の合理的で効率的な方法をよしと教えられている頭にとっては、なぜこんな無駄をするのかと疑問に思うでしょう。でも、どんな異物が入ってくるか分からない自然界で生きるにはこれが不可欠なのです。これが生きものの世界です。

もう一つ研究者が疑問に思ったのは、どうやってこんなに多様な細胞をつくれるのかということです。私たちがもっている遺伝子の数は2万個を超える程度と分かっています。それだけの遺伝子でどうやってこれほど多様なリンパ球をつくれるのか。それを解明したのが、利根川進博士のグループです。細かいところは述べませんが、実はここでも動く遺伝子という言葉が思い起こされます。免疫に関わる抗体とT細胞をつくる受容体の遺伝子は遺伝子断片の集まりで、この断片がさまざまに組み合わされて一つの遺伝子としてははたらくのです。そのようにして、多種多様な抗体や受容体をつくるのです。遺伝子断片がさまざまに組み合わさるなどということが起こることを知って皆が驚きました。利根川さんはこの発見でノーベル生理学・医学賞を受賞しました。

ウイルス感染によって、発熱・頭痛が起きたりリンパ節が腫《は》れることがありますが、これはウイルスと闘うために免疫細胞が出すサイトカインによって起きる現象です。

新型コロナウイルスの感染拡大が見られるようになった頃に、「サイトカインストーム」という耳慣れない言葉がニュースによく出てきたことがあったのを覚えている方もいるでしょう。

ウイルス感染が大きくなると、放出されるサイトカインの量が増え、発熱・倦怠感がひどくなるだけでなく、血液の凝固異常が起き血栓《けっせん》ができることもあるので怖いのです。血栓は心筋梗塞や脳梗塞にもつながりますから。

生きていくために大切な体の反応である免疫が、自身にマイナスとなることも起こすのですから、またまた自然界で生きることは、決して易しくはないと思うほかありません。

ワクチンという新しい医療を通して、ウイルスの存在する自然界で生きるとはどういうことかの一端が見えてきました。体で起きている現象にはとんでもない無駄があるとか、自分を守ろうとするはたらきが自分を攻撃してしまうなど、一筋縄ではいかないことがあれこれ起きていることも分かりました。ウイルスを知り、それがあるなかで生きるとは、自分を知ってそれを活かしていくことなのです。

ウイルスでがんを治す

ウイルスにまつわるさまざまなトピックスを紹介する中で、がんとの深い関わりにふれました。ウイルスが宿主の細胞からもち出した遺伝子が変異してがん遺伝子となるなど、人間にとっては悪さとしか言えないことをすることも分かりました。そんな中で、最後に、今まさに始まっている、最新のウイルス研究についても見ておきましょう。

これまでの研究で、ウイルスの構造やはたらきについてはかなり分かってきました。非常に構造がシンプルであり、遺伝子がタンパク質の着物を着ていると考えてよいこと。そして生きものの中に入らない限りは増殖しないということ。この二点は大きな特徴です。ウイルスのこの特徴を活用して、がん治療をする——そんな試みが進んでいるのです。

脳にできるがん、脳腫瘍の場合で説明します。脳細胞が腫瘍（がん）化する場合、細胞の中で変化が起きるのであって外から病原体が入ってくるわけではありません。

がんはすでに述べたように一つの細胞内にあるゲノムの中で複数の遺伝子に変異が起きて、細胞の増殖の調節がうまく行えなくなってしまうことから起こる病気です。

正常な細胞は、増えるべき時に増え、増えてはいけない時には増えないというコントロールがかかっています。

細胞増殖に関わる遺伝子ががん遺伝子へと変異するとアクセルを効かせて細胞をどんどん増やしますし、がん抑制遺伝子が変異するとブレーキが効かなくなります。こういった不調がいくつも重なり、がん細胞になると自分のアイデンティティーを失って他の臓器へと転移することもあります。

そんな怖ろしいがん細胞ですが、その原因となるがん遺伝子やがん抑制遺伝子は、もともとは生きものにとってはなくてはならない遺伝子です。ここでもがん遺伝子を悪い奴と決めつけ、あってはならない存在と考えるわけにはいかないことが見えてきました。本来は体にとって大切な遺伝子が少しだけ変異することで面倒な病になる仕組みについては、今、大変多くの研究がなされています。

このようながん細胞独自の「増殖能力」に着目した新しいがん治療があります。

あるウイルスを「正常の細胞の中では増殖できないけれど、がんの細胞の中でならできる」という性質に変えて、患者に感染させるのです。がん細胞に入ったウイルスは増えて細胞を壊します。がん細胞が増えるとそこにウイルスが感染し、その中でどんどん増殖します。その結果、細胞は死ぬわけです。これを活かしてがんを治療しようと考えたのです。

ウイルスには、それぞれ個性があり、増殖できる条件や宿主が決まっています。鳥インフルエンザは鳥に、天然痘は人間に感染します。特定の生きものの細胞内でだけ生きることができ、増えていくのです。この「増殖できる条件を選ぶ」という性質を活用して、がん細胞の中だけで増えるウイルスを使って治療する。とても面白いアイデアであり、がん細胞だけに感染するウイルスを工夫することによって、生きものの本来の力を活用した有用な治療法になるだろうと期待できます。

第5章

新型コロナウイルス感染症パンデミックの体験を生かして

一人ひとりが思いきり生きる

なるべく人に会わない工夫をし、会う時はマスクをつけるという期間が4年以上続くなかで思ったことは、何でもない日常の大切さでした。

友達とお茶を飲みながらのおしゃべりは、決して生産的とは言えません。ですからこれはどうでもよい時間だと思っていました。時には、こんなことしてて良いのかなと反省しながら過ごすこともありました。でも新型コロナウイルスのせいでそれができなくなって、こういうことが日々を支えていたのだと気付きました。オンラインで、それぞれがお茶とケーキを用意しておしゃべりをするという新しい方法を学び、時々それをやってはみますが、やはり生身とは違います。

子どもたちの学校での給食の時間も「黙食」になり、皆が揃って前を向き、まさに黙々と食べ物を口に運んでいる様子は、可哀想で見ていられません。テーブルを囲んでワイワイ言いながら食べたいでしょう。

暮らすということ、もう少し基本に戻るなら生きるということは、人と人との生身の関わりなのだということを思い知らされた4年余の日々でした。

便利にすればよい、お金が儲かることが大事だと思わされて、競争社会に飛び込んであくせく働きながら生きてきたけれど、本当に大事なのは便利さやお金ではないという気持ちになっている人が増えているのではないでしょうか。

なぜ、人と共にありたいと思うのかと問うなら私たちが生きものであり、生きものとして生きるときに納得感がもてるからです。

歴史上、パンデミックは何度もあったことを知ってはいました。有名なのは14世紀にあったペスト（黒死病《こくしびょう》とは名前まで怖いです）で、2500万人から3000万人、つまりヨーロッパの総人口の3分の1ほどが亡くなったとのことです。

1918年にアメリカで始まったインフルエンザの流行が、第一次世界大戦に参戦した兵士によってヨーロッパに持ち込まれ、パンデミックになり、5000万人から1億人が亡くなったという例もよく語られます。最近では、エイズというこれまでにないウイルスが日本にも入ってきて問題になりました。

けれども、なぜか私自身がパンデミックに関わることがあろうとは思ってもいませんでした。病気といえばがんや認知症に関心が向き、感染症は対処できるものと位置付けて暮らしていました。そんななかで、まさに思いがけなく始まり、思いがけなく長く続いた（まだ終わったとは言えない）のが、新型コロナウイルス感染症パンデミックです。

思いもよらずとは言え、これを体験したからには、ここから学び、これからをどう生きるか……個人としての生き方と、社会のありようの両方を考えてみなければいけないと思っています。

私は、21世紀の生き方は生命誌を基本にして「人間は生きものであり自然の一部であるという事実についての科学的知見を大事にし、そのうえで一人ひとりが思いきり生きる」というものになると考えていますので、そこへ向けて考えます。

科学と日常

ウイルスと向き合うなかで、英国の医師E・ジェンナーによるワクチンの開発が重要な役割を果たしたことを思い出しました。ジェンナーにそれを考えさせたのは、牧場で牛の乳しぼりをしている女性たちの間に天然痘の感染者が少ないという事実への気付きです。日常の中にふと考えさせることを見つけ、そこから新しいことを見出していくことが大事なのです。私たち一人ひとりが考える人になれば、日常の中に大事なことがたくさん隠れているのです。

ジェンナーより少し後に活躍した、F・ナイチンゲール（1820－1910）が、まさにそのような人であったことが、近年の研究から明らかになっています。ジェンナーにしても、ナイチンゲールにしても、子どもの頃に読んだ偉人伝止まりで、その本当の姿を見ていなかったことを最近になって知りました。

ナイチンゲールは、戦場で病気や負傷に苦しむ兵士を敵味方の区別なく看病した献身的な女性としてしか知りませんでしたが、子どもの頃から数学が好きないわゆる「リケジョ」だったらしいのです。

1853年に起きたクリミア戦争下、ナイチンゲールは求められて看護団を編成して兵舎病院で働き始めるのですが、そこは不潔の巣窟と言ってよい状態であり、兵士の多くは戦傷よりも感染症が原因で亡くなっていました。彼女はそのように病院の環境改善に努めます。ところがその後に向かった英軍基地で、感染症にかかってしまいました（症状から風土病であるブルセラ症ではないかとされています）。

帰国後も病状はよくならず、常にベッドにいるような状態になりましたが、そのなかでナイチンゲールは「英陸軍の死亡率」という報告書をつくるのです。統計学者W・ファーらと協力して作成したもので1000ページもあったそうです。数学大好きだった女の子が大人になり、その才能と努力の結晶として作成した大作です。

そのデータをもとに書いた『病院覚え書』『看護覚え書』は、ナイチンゲールならではの発想に満ちており、現在の看護の基礎となっています。

その後『救貧病院における看護』『産院覚え書』などを書いた彼女は、まさに看護を通して、人間とは何か、人間はどう生きるものであるかを考え続け、看護という仕事を生きることを支える重要な役割と位置づけたのです。ここで大事なのは、彼女の提言が、常に日常を見つめ、そこに科学的な背景を持った対策によって、日常にある問題を解決し、よりよい生き方を支える場をつくるものであったということです。

「看護の第一原則は、屋内の空気を屋外の空気と同じくらい清浄に保つことである」

換気の必要性を示しており、これは新型コロナウイルスでも耳にタコができるほど聞かされた言葉です。

「患者の血液・体液・排泄物・分泌物には病原体が含まれているので、それを除去し清潔にすること。また、感染は汚染された空気で引き起こされること」なども指摘しています。空気感染対策の必要性を説いているのです。初めてそのような意識での看護を考え出したのが、ナイチンゲールだということです。身の回りをよく観察し、そのうえで専門家の語る科学にも耳を傾け、具体的な行動に移すというこの姿勢はまさに今、私たちが取り入れたいものです。決して難しいことではなく、日常のお料理やお掃除にも生かすことができます。

私が生命誌を仕事にしてよかったと思うのは、野菜も生きものとして見るので、ていねいに扱い、できるだけ無駄にしないようにしていることに気付くときです。最近、フード・ロスをなくそうと言われますが、そうせねばならぬと言われてやるのはあまり楽しくありません。一生懸命大きくなってここまでやってきたのだから、全部いただいて野菜も満足、私もよい気持ちという状態がいいなあと思いながら切っていると無駄にはできません。

新型コロナウイルスの感染拡大を防ぐために、換気、手洗い、マスクをするのも、ナイチンゲールと同じ気持ちで、自然な気持ちでやってこそ意味があるのではないでしょうか。規制をしたり、それに反撥《はんぱつ》したりということではなく。

ナイチンゲールは、空気感染という重要なことに気付いただけでなく、看護という仕事を人間全体を見る総合的な行為と捉えます。

「看護とは、これまで与薬とか湿布を貼ること以上の意味はなかった。看護とは、新鮮な空気、陽光、暖かさ、清潔さ、静かさを適切に用いること、食事を適切に選択し、管理すること──これらすべてを患者の生命力の消耗が最小となるように整えることを意味すべきである」(『看護覚え書』より)

このように認識したうえで、人として優しく接することも大切にする。そんな人柄が見えて、素晴らしい人だと改めて思います。パンデミックを踏まえての一人ひとりの日常について、誰もがその名を知っているナイチンゲールを通して考えました。看護は、特別な教育を受けた専門家の仕事であると同時に、私たちの日常のなかに存在するものであり、誰もがここから学ぶことが多いものです。高齢社会であることを思うと、まさに日常です。

つながっていること

東日本大震災の時にも、これで社会は変わるのではないか、いや、変わらなければならないと考えた人が多かったのではないでしょうか。

そこで登場したのが「絆《きずな》」という言葉です。現代社会は、人と人とのつながりをむしろ煩わしいものとして、私は個として確立しているのだと考えることが重視されてきました。日常の生活を支えてくれる技術は、日々進歩しており、一人で好みの生活を楽しむ人が増えてきました。そのような流れで入った21世紀でした。そこへあの揺れと津波です。

私はたまたま東京大学での会議に出席しており、自宅に帰ることができず、お友達の家に泊めていただきました。さりげなく示してくださった厚意がどれだけありがたかったか。マンションの11階でしたので、食器棚の中のものがすべて床に散らばっているという大変な状況のなかで受けた親切を今もよく思い出します。

大災害のなかの小さな体験ですが、あの時は多くの方がそれぞれに出合った状況のなかで、人に助けられることのありがたさを感じられたと思います。そして人間は、本来思いやりのある存在なのだということを実感したのではないでしょうか。ボランティア活動も盛んに行われました。それが絆という言葉を浮かび上がらせたのでしょう。

東日本大震災は、東京電力福島第一原子力発電所の事故というとんでもないことにつながりました。これについての詳細はここでは述べませんが、都会の一人暮らしを可能にする便利な生活を支える科学技術の象徴と言っていい原子力発電所での事故です。その始末は未だにできていません。それどころか、いつ、収まるのか分からない状況です。

生き方を考え直さなければならないのではないか。このときの記憶は、多くの方のなかに今もあり、考え直そうという思いも心のどこかにあるのではないでしょうか。でも、社会を動かす政治や経済のありようは決してよい方向へ動こうとはせず、自分の無力を空しく思いながら日々を送ることになったというのが実情です。

そこに襲ってきたのが、新型コロナウイルス感染症パンデミックです。東日本大震災のときは、皆の問題と言っても、実際に被害があったのは日本であり、さらに限定するなら東北地方です。

一方、新型コロナはパンデミック、つまり世界中の人が直接関わりました。しかも、何度も繰り返すように、手洗い、マスク、換気、人との接触を避けるなど、一人ひとりの日常の行動に関わるのです。一人ひとりがどのように考え、どう暮らすか。経済活動もままならないなかで登場したのが「利他」という言葉でした。

絆という言葉で示されたつながりに加えて、利他には自身と相手を意識し、相手の状況を思いやって行動するという、これからの生き方にとって重要な示唆が込められています。とても大事なことですので、生命誌として考えていきます。

共生が基本

利他や絆が示す「つながり」の基本にあるのが共生でしょう。生きものは、とにかく生きること、そして子孫へと続いていくことが大事です。以前はそれは闘いによって勝ち取るものだとされてきましたが、近年の研究で、最も重要なのは「共生」であることが分かってきました。

そもそも地球上に最初に生まれた原核細胞、つまりバクテリアたちから、私たち人間を含む多細胞生物を生み出す真核細胞が生まれるときには、大型の細胞の中に小型のバクテリアが入り込んでの共生が起きました。

入った小型細胞は、私たちの細胞の中でエネルギー生産という重要な役割をするミトコンドリアになり、植物細胞の場合、それに加えて葉緑体も共生で生まれたものです。

植物と昆虫たちの共生、私たちの体内にいる常在菌の役割など、共生あっての生きものであることを実感させる例は身近にたくさんあります。私たちの体内には常在菌だけでなく、多様なウイルスが多数常在していることも最近分かってきました。ウイルスの役割はまだよく分かっていませんが。

考えてみれば、それぞれの生きものに不足の部分があるのは当然で、他の生きものを滅ぼして生き残るよりも、他の生きものが持つ能力を巧みに活かして共に生きていくほうが賢いわけです。生きものたちは当然、その戦略をとりました。

本来独立して生きていくようにはできておらず、お互い関わり合っていくのが生きものなのです。そこには喰うか喰われるかの関係もあり、共生とは決してなあなあの世界ではありませんが、つながり、関わりは本来生きるということのなかに含まれているのです。

それを踏まえたうえで、よりよいつながりを考えるのが、人間としての生き方でしょう。

心をもつ存在としての共感

他との関わりのなかで生きるという生きものの世界で、私という存在を個として意識すると同時に周囲にいる仲間も同じ存在として認めることができるのが心のはたらきです。心をもつ私たち人間は、相手の立場に立ってものを考えることができます。

「協力することが今必要かどうかを相手の視点に立って想像し、今必要なことをやる」

自然災害にしてもパンデミックにしても、さまざまな困難に出合うさまざまな人がいることになるわけで、問題点を見つけ、どのようにしたらそれが解決できるか、どのようにしたら相手が安心できるかなど考えるのは大事なことです。

他の動物たちには、心と呼ぶはたらきはないとされていた時もありましたが、近年の研究で多くの動物が鏡に映る自分の姿を見て、それを自分だと認めていることが実験で示されるようになりました。最近興味深く思ったのは「魚にも自分が分かる」ということを示した実験です。

他の魚につく寄生虫をとって食べるホンソメワケベラという魚の喉《のど》に、寄生虫にそっくりな印をつけて鏡を見せると、魚がその卵を落とそうとして喉を石にこすりつけるというのです。鏡に映った像を、別の魚が向こうにいるのだと思わず、自分だと分かったというわけです。

社会性のある動物であることが条件ですが、周囲にいる動物たちを見る目が少し変わります。ただ、ここで強調したいのは、相手に共感し協力的行動をする能力は、人間になって、格段に広く深くなったことも明らかになっているということです。

目に見えないものを思い浮かべてあれこれ考える想像力は人間だけにしかなく、他者の信念を何段階も深いところまで考えられるのは人間だけなのです。人間は、想像力と深い思いやりを獲得した生きものなのですから、これを思い切り生かすことが人間らしく生きることだと考えて社会をつくると皆が気持ちよく暮らせるのではないでしょうか。

人間は生きものであることを忘れず、むしろ強く意識して生きることが大事ですが、それは人間と他の生きものの間に区別がなく連続しているということではありません。基本ではつながっているけれど、人間は人間としての特徴があります。最も大きな特徴は想像力を持つことであり、具体的な形として言語を用いて考え、表現し、お互いがコミュニケーションをとって心を通じ合わせます。

大きな出来事が起きるたびに、絆や利他が話題になるのは、本来それがあるのが人間社会であるはずなのに、それを抑え込んで、文化として生み出してきた欲望や闘争のほうを表面化する社会をつくってきたからでしょう。

きれいごとで事を済ませようと言うのではありません。生きることは面倒なことであり、そもそもいのちは大切と言いながら、日々いのちを奪う行為をしなければ自分が生きていけないシステムになっているのですから。

ただ、人間は生きものという事実についての知識を疎《おろそ》かにせず、そこから始める社会づくりをしてみるのはどうでしょう。

やたらに競争をさせ、格差をつくり、権力志向の人が支配する社会に疲れているところで出合ったパンデミック。実はウイルスは自然の存在ですが、今このような面倒なことが起きて、身近な人とも自由に接触できず、つながりの大切さを思いながら辛い毎日を送ることになっているのは……おそらく私たちが今つくっている社会がどこか間違っているからではないでしょうか。

正しい生き方などというものがあるのかどうか、まったくわかりません。おそらく唯一の正しい生き方などないと思いながら、もう少しゆったりと楽しく、皆が笑顔で過ごす暮らし方を探りたいとは思うのです。

人間は生きものという基本

新型コロナウイルス感染症パンデミックという体験から、まずウイルスとは何かを学びました。生命誌の立場からはウイルスは「動く遺伝子」と捉えました。遺伝子について多くの人が抱いている固定的なイメージを変えるきっかけにもなるのではないかと期待しながら。

40億年という長い進化の過程によって生まれた生態系の全体を眺める「生命誌絵巻」（25ページ）の中に、動く遺伝子であるウイルスを入れると、この中でのダイナミックな遺伝子の動きが示されます（すでに何度も書きましたが、ウイルスは目に見える形で描き込んではありません。生きもののいるところ、どこにでもいるという事実を思いながら、ウイルスの動きを思い浮かべるのです）。

私たちの身体を構成している細胞は、すべての生きものと共通しており、ウイルスとの関わりもそのなかで起きていることです。食べること、環境との関わりなどは、そこで考えることであり、生態系の一員として生きることが、まず、生きることの基本です。

日常、機械に囲まれて暮らしているために、自分をも機械であるかのように捉えたり、機械を用いてすべての事柄を動かしていけると考えたりするのは間違いです。

最近は異常気象とやらで、これを書いている今（2023年8月）は連日35℃を超える猛暑、時に40℃に近い日もあるというとんでもない夏です。

ラジオから「熱中症にならないよう冷房を効かせた屋内で十分水分を摂って過ごしてく

ださい」というアナウンスが始終聴こえてきます。

いのちに関わる暑さですから対処は必要ですけれど、身の回りの空気を冷やせばそこにあった熱は外温を上げることになります。本当の解決にはなっていませんし、エネルギーを使って自分を守ろうとすれば、気温を上昇させるでしょう。訳が分からなくなります。

手近にある技術での解決は無理であり、根本を考えなければならないのですから、生態系の一員として生きるという基本しかないでしょう。

もちろん、そのうえで、人間という生きものの特徴は何かを考え、それを生かして人間らしく生きる道を探るのですが、とにかく、生きものであることを忘れない。ウイルスも含めての生態系をうまく生きていく姿勢です。

生きものとしての人間の特性——共感に注目

生きものであることを決して忘れずに、生き方を決め、社会をつくっていくという基本のうえで、人間の独自性を生かす必要があります。

人間の最大の特徴は、二足歩行です。進化の話を細かくする余裕はありませんが、二足歩行の結果、自由な手を持つことによって生まれた技術力、脳が大きくなり、しかも大脳皮質が発達することで生まれた知性、喉の構造の発達の仕方も含めて言語を話せるようになったこと、すでに述べた相手の心を理解し思いやる気持ちから生まれる共感、それをもとにした協力行動は、重要な特性とされます。

本当は一つひとつ丁寧に考えて、人間とは何かという問いに答えることと重ねながら社会のありようを考えることが大事ですが、ここでは新型コロナウイルス感染症パンデミックを踏まえての協力行動を中心に、人間らしさを考えたいと思います。知性、技術、言語が人間らしさを支えていることはよく語られますが、協同、その底にある共感に注目することが、今特に大事だと思いますので。

狩猟採集生活をしていた私たちの祖先の生活は、まず、単位として家族がありました。人間の場合、二足歩行になったため、本来難産であるうえに赤ちゃんの頭が大きいので未熟の形で出産することもあり、育児に手間がかかります。

しかも人間は、アフリカの森のもつ力によって生きている霊長類の仲間のなかでは弱い存在でした。弱さを象徴するのが、今も私たちの口の中にある犬歯です。多くの哺乳類は大きな犬歯、つまり牙で獲物に噛《か》みつきます。人間の犬歯は、今では糸切り歯と言われて、ボタンをつけるときに役立つ程度です。

ゴリラやチンパンジーの赤ちゃんは、お母さんの体毛にしがみついていますが、人間はそうはいきません。床に仰向けに寝かせます。仰向けの姿勢は、完全な無防備。しかも人間の赤ちゃんはお母さんを求めて大声で泣きます。「今ちょっと忙しいの、待っててね」という時もよくありますが、狩猟採集の時代はうっかりすると、野生動物に連れて行かれてしまいます。誰か面倒を見る人が必要、つまり共同保育が不可欠です。ここでお姉さんやお婆さんが重要な役割をしたに違いないと考えられます。これは人間の大きな脳を育てるために必要なことだったのですし、お父さんも育児に関わらなかったはずはありませんが、狩猟に出かける役割がありますので、ここはお姉さんおばあさんが活躍です。このような保育が家族を単位とする暮らしの基本を生み出したと考えられます。

もう一つ、家族を単位として行われたのが「共食」です。そもそも二足歩行を始めたのは、自分が収穫した果物などを手に載せて家族のところに運ぶためだったのではないかという説に接したときは、待っているであろう家族を思いながら歩いている姿を思い浮かべて楽しくなりました。

特に火を用いるようになってからは、私たちがバーベキューを楽しむのと同じ光景があったのではないかと想像してしまいます。他の霊長類は、自分が持っている食べ物をねだられて分けてあげることはあっても、決まった仲間が食べ物を共有し共に食べることはありません。自分が手に入れたものは自分のものであり、しかたなく与えることはあっても共食はないのです。

今のように決まったものを栽培して食べるのではなく、採集するものの中には新しい種もあったでしょう。もしかしたら毒があるかもしれない……相手の力を信じ、自分のことを思って採ってきてくれたとありがたく思いながら共に食事をする関係は人間だけのものです。

狩猟は多くの男手を必要としましたから、いくつかの家族が集まっての共同体ができました。このように重層構造をもつ社会をつくったのが人間なのです。協力して次の世代を育て、共に食事を楽しみ共同体の一員としても活動するという複雑な人間関係のなかで、相手を思いやる心をもつ人々がつくる社会が人間特有のものとして生まれたのです。

長い歴史を辿ってきた今、私たちは絆、利他、つながりという言葉に目を向けましたが、実は私たち人間が他の生きものたちとは異なる文化、文明をもつ私たちの生き方の始まりが、共感であり協同行動であったことが近年の研究で分かってきました。近年この事実を明らかにする報告が増えており「人間は本来いい奴なんだ」とうれしくなります。もちろん、すべてが共感であるはずはなく、利己心、さまざまな欲望など複雑な気持ちをもって生きていくのが人間ですけれど。

共感を生かす二つの方法

私たちが今暮らす社会では、過剰な競争とそれに勝つことを求められます。これは決して楽しい生き方ではありませんし、その結果、暮らしやすい社会が生まれたかと言えばその逆でしょう。その中で出合ったパンデミックが「つながり」の重要性を浮き彫りにし、そこから考えていったら、実は人間の特性の一つに共感があることが分かりました。

私たちの本性にそれがあるのに現実にはそれが表に出ていないのはなぜか。共感を基本に置く社会づくりをするにはどうしたらよいかを考えます。二つ方法があると思います。

地域を基盤に組み立てる社会

一つは、本来の姿をよく見つめることです。新型コロナウイルス・パンデミックの中で、実体でのふれあいの重要性を多くの人が実感しました。

病院や介護施設は家族でさえ面会ができない状態になり、辛い思いをしました。せっかく入学した学校で入学式や文化祭など、皆で一緒に同じ体験をすることができず、なんのために入ったのだろうと悩む若者にも出会いました。オンラインでの授業の便利さは分かり、知識の習得だけだったらそれでできるのかもしれないけれど、クラスメイトという感じはしないし……という話を聞くと、生身での接触、同じ場を共有することの大切さを思います。

すでに述べたように、人間は家族を単位として協同する社会をもつという生き方を選んだ生きものです。しかも家族がいくつか集まって、少し大きな集団での協同もしました。家族は10人程度から始まる集まり、日常お互いに助け合って狩猟などをする仲間は30人程度を基本とする集まりとされます。縄文時代の村落の様子を見ると、さらに大きな１００人を超える集まりが見られます。

人類誕生後、脳が大きくなってきたことと連動するのは、時間をかけた生活史（長い寿命と長い幼年期・思春期）と集団サイズであるという研究があります。集団サイズが大きくなるのですが、今のところホモ・サピエンスの持つ１５００ccくらいの脳は、１５０人ほどの規模の社会に対応すると言われます。

これは一つの考え方ですが、現代社会で生きる私たちとしてもお互いをよく知ってお付き合いできる人の数を考えたとき、この数を超えることはないのではないでしょうか。

インターネットのある時代、つながりという言葉をここで用いるなら、何十万、何百万という人とつながっていると言えますが、パンデミックの中で考え直すつながりは、それとは違うでしょう。情報社会になり、つながりはたやすくできるように見えるけれど、それによって生身のつながりが怪しくなってきたことに不安を抱き始めているのが今ではないでしょうか。

小さな集団を大切にすること。第一の方法はこれです。

進歩・拡大・効率を求めて、グローバルなどという言葉を使ってきた社会のありようを見直して、地域に根差した、本当のつながりを大切にし、その集合体としての社会を考えていくのがこれからではないでしょうか。150人を単位とし、千人単位の村、数万人の町、数十万人の都市を組み立てるのです。その先に初めて地球全体が浮び上がった時に本当の意味でのグローバルな社会になるのではないでしょうか。

地域の大切さに気づいて活動している人は増えていますし、それぞれ素晴らしい活動をしています。地域の集まりとして日本列島に暮らす仲間が連帯するという形で、下から組み立てていく社会は安定したものであるはずです。

地域といっても特定の場に縛られることはありません。常に地球のあらゆるところとつながっているのですから、地球のどこに暮らしてもいいでしょう。さまざまな場を体験するのも楽しそうです。

ここで、共感で支えられる仲間意識をもつと、外を排除する気持ちが強くなって、敵が生まれるという懸念が出てきます。本来生きものは同種の仲間を殺すまで戦うことは滅多にやらないことが知られています。

先日雑誌で、京大教授の益田《ますだ》玲爾《れいじ》（魚類心理学）が２０００回以上海に潜ってカサゴと出合っているが、闘争を見たのは一回だけと書いておられました。この稀な現象がなぜ起きたのかは分かりませんが、原則戦わないと捉えてよいように思います。仲間うちでの共感の気持ちがどれだけ大きくても、それを外との戦いに結び付けない。というより、人間すべてを仲間と捉えるのが本来の姿ではないでしょうかという提案をしたいと思います。

私たち生きものの中の私

大型化、競争、進歩などという言葉から離れて、共感する仲間との地域での活動を基盤に社会を組み立てていくことで、暮らしやすい社会をつくるのがこれからではないかと考えました。

そこで共感は外に敵をつくるので、争いを生み出すという問題をどうするか。ここで21

世紀だからこその切り口として、生命誌登場です。

パンデミックに出合う前の社会は、拡大・進歩型であると同時に、個に大きな意味をもたせました。

生命誌の中で考えても、個は唯一無二の存在であり、一人ひとりが重要です。基本的人権は18世紀の人権宣言以来、ホモ・サピエンスとしての存在すべてに認められていますが（現実には問題を抱えているとしても）、それ以前は自身の仲間だけを人間と認めて外部の人を蔑視《べっし》し、時には人間と見ないこともままあったことを歴史が教えてくれます。ですから、すべての人、一人ひとりを大切にすることをいつも心にかけていることは必要です。けれども一方で、人間は一人で生きていくことはあり得ません。そもそも私たち一人ひとりは誰かがつくるものではなく、人から生まれてくるのですから。そういう意味で人間は常に「私たちの中の私」なのです。古代の人々が家族やその他の集団をつくって暮らしたのは、自然の姿だったわけです。

21世紀の今、これまでに蓄積した知を活用して「私たちの中の私」の具体的な姿を考えてみることには意味があるでしょう。

「私たちの中の私」という時の私たちは、日常考えるならまず家族でしょう。そこから職場や地域など具体的な生活を共にする仲間、次いで「私たち日本人」となるのではないでしょうか。これが日常感覚ですが、この図は生命誌として描いており、特別の意図をもっています。

「生命誌絵巻」を思い出してください（25ページ）。ここで重要なのは、私たち人間は40億年ほど前に生まれた祖先細胞から進化をし、多様化してきた生きものの一つであるということです。ここからは「私たち生きものの中の私」としての私が見えてきます。

人間は人間としてかなり独自な性質や能力を持っており、他の生きものは持たない高度な文化・文明を築いてきたことは確かなのですが、一方、生きもの全体が仲間であることはゲノム解析からも明白です。40億年の歴史を共にする仲間であり、すべての生きものに対する共感があって当然です。生命誌を考えるときの基本は、この感覚です。

私たち生きものの一つとして存在するホモ・サピエンスはまさに私たちです。地球上に現存する80億人の仲間です。チョウもタンポポも私たちだけれど、その中のホモ・サピエンスという仲間は、アフリカで生まれた少数の祖先から始まり、20万年という時間をかけ

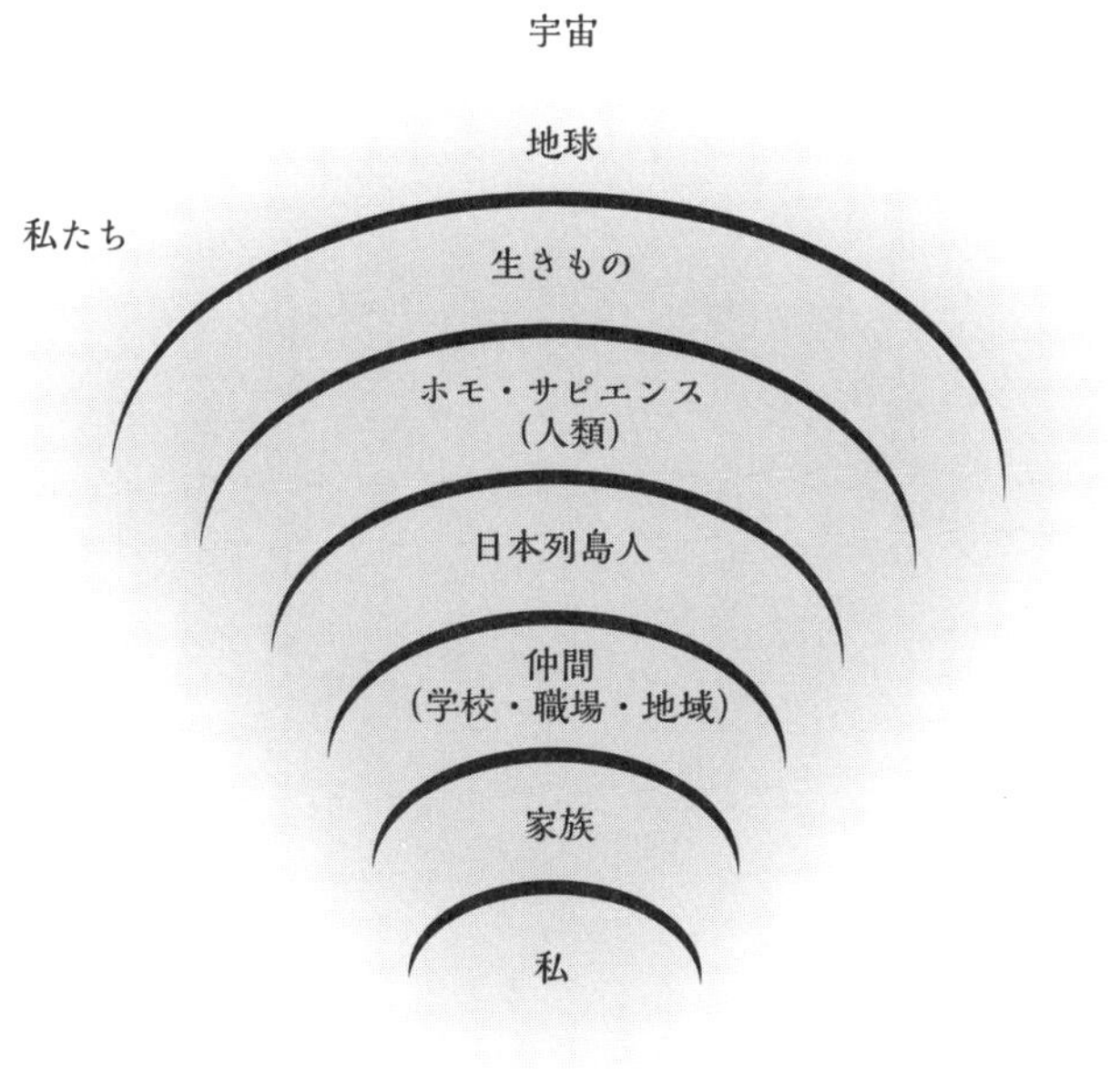

図10　私たちの中の私

て地球上の各地で暮らしを営むことになりました。すべてが「私たち」であり、その外にいる人は一人もいません。私たちに与えられた強い共感力は、地球上のすべての人に対して向けられます。敵として戦う相手ではありません。

繰り返します。古代の生き方から明らかになってきた弱い存在として、複雑な社会をつくり上げてきた、私たちとして生きる道を振り返ると、私たちは共感の力を強くもち、豊かな知性、言語、技術力を生かす暮らしをするはずの存在なのです。

その結果、地球上で最も生息数の多い種となり、私たちはそれを繁栄と見てきました。ところが今、パンデミックを体験しただけでなく、異常気象（地球温暖化を超えて沸騰化と言った方がおりました）の中で「核兵器を抱え込んでの戦争」をし、リーダーたちがさらなる戦争の予見までしているという日々です。競争を煽《あお》られた結果、とんでもない経済格差が生まれ、日本で食事を満足にできない子どもたちが増えていると聞くと、なにを求めての経済活動なのだろうと疑問に思います。

これらは、生きものである人間として生きるという選択をせず、絵巻の外から自然を支配するという考え方を持つ文明を選択し、その道を進んできたからです。

人間の特性を生かし、しかも21世紀になってはっきりした「私たち生きものの中の私」という位置付けをして、すべてのものに向けての共感を思いきり発揮しながら生きることこそ本来の生き方と捉え、これまでの道とは別の道をつくって行くのが今なのではないでしょうか。

このような生き方をしよう。そう思います。自然界は複雑ですし、生きることは面倒です。一番面倒なのは、いのちは最も大切なものだと分かっていながら、いのちあるものを日々食事として口にしないと生きていけないということです。でもこれは、野菜の切れ端だっておろそかにせず、食事を楽しくいただくという暮らしから出発すれば自ずと答えは見えてきます。

農業のありよう、エネルギーの使い方など、暮らし方のすべてを考えなければなりませんが、それは改めて考えてまとめたいと思います。

ここではっきりしていることは、同種の存在、つまり私たちにとっては人間という存在の、いのちを奪う戦いはなしということです。生きものの世界では、それは原則なのではないかと、前述したカサゴの例からも思うからです。ここで見てきた二つの方法からは「核兵器を抱え込んでの戦争」などあり得ません。

家族を単位に（この場合の家族はあまり面倒なことは考えません）、地域での生活を豊かにし（地方創生という言葉がよく聞かれますがとても大事な動きです）、食べるものはできるだけ身近で作るという方向へ、社会を動かしていくのがこれからの生き方でしょう。科学を含めて、あらゆる学問・芸術を大切にすることはもちろんです。

どのような社会をつくるか。ここにあげた二つの考え方を自分のものにすれば自ずと答えは見えてくると思いますので、まず、この二つを自分のものになさってください。とても大らかな気持ちになります。

ウイルスが生きものの世界をダイナミックにしていることを知りましたので、その知識も生かして大らかな気持ちで未来を考えていくことができたら、パンデミック体験をプラスに生かすことになります。

第6章

日常を考える

ここまで、生命誌の立場から新型コロナウイルス感染症パンデミックの体験を生かした新しい生き方を考えてきました。実は、今はウイルスの問題以外にも生命誌の立場で考えなければならない課題がたくさんあります。

夏の異常な暑さは、もはや温暖化ではなく沸騰化《ふっとうか》だという声も聞こえてきます。このような変化の中で、これまでになく大きな自然災害が世界の各地で起きています。

また、その中で戦争をする人がいるだけではなく、大国のリーダーたちが戦争の方向へと動いています。平和憲法と呼ばれる憲法を持つ日本の政治家までもが戦いたがっているのですから、どうなってしまったのでしょう。

ウイルスや気候は、大きな自然の動きの一部であり、人間の手に負えないところがあります。穏やかであってくれるように、私たちの暮らし方を考えなければならないのは当然ですが、一筋縄ではいきません。

けれども戦争は、人間の判断・意志で始めるものであり、止めることが可能な行為です。生命誌の二つの方法で述べたことは、戦争などない社会を示しています。

私たちは駒ではない

社会科学・人文科学系の人々の議論では、新型コロナウイルスの感染拡大によって、疫学的なものの見方が当たり前になっていますが、それはとても非人間的であるとされています。人間を「駒」のように見ているからだというのです。現実にそのように感じることがあります。

それを避けるには、マスクをする、人との接触を避けるという行為の意味を、一人ひとりが理解し、今はこれをやらなければ大変なことになるという、自分の判断で行動できる社会にする他ありません。この本はウイルスを知るというより、ウイルスが分かるという気持ちにまでなればそのような社会がつくれるはずだという思いで書きました。たしかに自由は制限されますが、いのちを守るためには我慢も必要と考えるようになるだろうと思うのです。

もちろん社会として、国として、ある制限をする必要も生じてきます。それについて最も印象的だったのは、ドイツのメルケル元首相のスピーチでした。自身が東独の出身であることから、旅行など自由にできない日々を経験しています。ですから「旅行や移動の自由が苦労して勝ち取った権利であるという私のような者にとっては、このような制限は絶対に必要な場合のみ正当化されるものです。そうしたことは民主主義社会において決して軽々しく、一時的であっても決めるべきではありません。しかし、それは今、いのちを救うために不可欠なのです」(2020年3月18日のテレビ演説より)

なんと見事なスピーチでしょう。政治家として、規制をかける役割を担っているのですが、それをまさに「駒を動かすように」上から目線で行うのではないところが素晴らしい。一人の人間としての悩み、しかも実体験から生まれる悩みをもちながら、いのちを守るためにはこの選択しかないのですという語りかけをしています。

このように語りかけられた国民は、一人ひとり、自分のこととして考え、とにかく今は外出を控えようと自ら選択することができます。

そのためには、一人ひとりが新型コロナウイルスとはどのような存在か、外出を控えることがなぜ感染拡大を防ぐのかということを理解していることが重要です。新型コロナウイルスについての情報が分かりやすく伝えられていることが大事です。

こうして、駒などではない、自立した人間として行動できる。そんな社会にするのが、これからだと思います。否応なく駒にされてしまう状況が戦時でしょう。徴兵制がつくられ、国からの通達で戦場へ行かざるを得ないのですから。

編集者・花森安治さんが、1970年の『暮しの手帖』に書いた言葉を思い出します。軍隊で教育係が「貴様らの代わりは一銭五厘で来る。軍馬はそうはいかんぞ」と言います。当時はがきが一銭五厘、兵隊ははがきでいくらでも召集できるということです。「一銭五厘を別の名で言ってみようか。『庶民』ぼくらだ、君らだ」と花森さんは書き、最後に「今度こそぼくらは言う。困ることを困るとはっきり言う。はがきだ、七円だ」と書きます。1970年にははがきは7円だったのです（今は63円。ずいぶん上がったものです）。「七円のはがきに困ることをはっきり書いて出す。何遍でも 自分の言葉で はっきり書く。お仕着せの言葉を口うつしに繰り返してゾロゾロ歩くのはもうけっこう」

最近では、これをやっても空しいような気がするほどの圧力を感じますけれど、諦めてはいけません。私は、特別のイデオロギーも宗教も持たず、ただ日々の暮らしを大切にしているだけですが、花森さんのおっしゃる「困ること」は、たくさん感じていますので「自分の言葉ではっきり書く」ということだけはしたいと思っています。誰もが思いきり生きることのできる日々を願って。

複雑で面倒な問題

自由かいのちか。また、経済かいのちか。パンデミックの中でこの問いには、いのちを大切にという抽象的答えしか出せません。事情によって、時によって、立場によって答えが違ってこざるを得ないところがあります。気候変動、自然災害など現代社会が直面している問題はどれも複雑で、答えがすぐに見つかりません。どうしたらよいか。答えがすぐに見つからないという課題なのですから、ここで答えを書くことなどできないに決まっています。そこで、こんなことを考えていますという、二つの方法を述べます。

一つは『ネガティブ・ケイパビリティ―答えの出ない事態に耐える力』（朝日選書）にあります。小説家であり精神科医である帚木《ははきぎ》蓬生《ほうせい》さんがこの本で見事に教えてくださっています。

私たちは性急に答えを求めます。近年、その傾向はどんどん強くなっています。○ですか、×ですか。私はアンケートが嫌いなのですが、質問に対して自分で考えると、そこに答えのないことが多いからです。その場合、印をつけられるのは「分かりません」になってしまいます。分からないわけではないのですと思いながらそこにつけなければならない状態になり、結局アンケートに答えることを止めてしまいます。

目の前に置かれた日々の課題は、複雑で面倒なものが増えています。この辺で考え方を変える必要がありそうです。分からないことにイライラせずに考え続ける力をつけることでしょう。

ネガティブ・ケイパビリティという言葉を発見したのは、英国の詩人、ジョン・キーツです。決して幸せとは言えない25年という短い一生でしたが、その中で受身的能力の大切さに気付きます。キーツはこれを「共感的想像力」と言います。そして「真の才能は個性を持たないで存在し、性急な到達を求めず、不確実さと懐疑とともに存在する」という考えをもつようになるのです。

ここから共感、つまり他の人の気持ちを想像できる力が生まれるとキーツは考えます。そしてこの能力をもっていた典型的な人物がシェイクスピアだと気付くのです。

共感は、人間が生きものとしての長い歴史のなかで獲得した最大の特徴、あるいは能力であると前章で書きました。重要なのはやはり共感なのです。

性急に答えを求めて、分かったつもりになってしまうと深いところまで考えることができません。

帚木さんは、ネガティブ・ケイパビリティは「寛容」につながることを示します。「どうにも解決できない問題を宙ぶらりんのまま、なんとか耐え続けていく力が寛容の火を絶やさず守っているのです」と。これがあれば戦争への道は遠くなります。

もう一つは、大阪大学の社会ソリューション・イニシアティブという組織が提案している「やっかいな問題はみんなで解く」という考え方です。複雑で面倒な問題が山積みということは何度も触れてきました。

たとえば、新型コロナウイルス・パンデミックの際に浮上した自由と安全の問題を、ロックダウンなどという形で上から規制して答えを出すのではなく、とにかくみんなで考えるという提案です。ここで考えられているのは、共助社会です。「助ける人」と「助けを必要とする人」がいると分けてしまわず、すべての人が「助ける人」であり「助けを必要とする人」であると動的に捉え、すべての人がそのなかで活動する社会です。

ここでも、そのためには辛抱強く社会問題に向き合わなければならないと言います。ネガティブ・ケイパビリティです。このように、みんなで考えるということは、一人ひとりがすべての社会課題を「自分ごと」にするということです。

このような人々がネットワークでつながり、そこから自ずと生まれたハブを中心に活動が始まれば、役割分担がありながらフラットな形で社会が動いていくでしょう。これまでは階層組織か市場しか考えられずにきましたが、それでは今起きている複雑な課題にはなかなか向き合えません。

ここまで考えてきた具体的な動きについても問題点を挙げればいくらでもありますし、これで解決という方法はないでしょう。けれども方向としては地域を大切にする人々が少しずつ増えていると思います。実際に動きが多くの地域で起きています。この動きはさらに進むに違いありません。

小さいことが大切

最後に最も大事なことは「小さいこと」という指摘をします。

人間が人間としての生活を始めた狩猟採集時代を思い出してください。10人ほどの家族、30人ほどを単位とする日常協力し合う仲間、そして150人ほどという実際に付き合いのできる人数を挙げました。基本はこのくらいの数です。村、町、市という単位ができるにつれて、数百人、数千人、数万人と、構成人員は増えますが、それも150人ほどの地域あっての存在です。

今、私は東京の世田谷区で暮らしていますが、東京23区の人口は約977万人、世田谷区が約91万人と聞くと、あまりにも数字が大き過ぎて身近な感じがしません。ましてや、日本の約1億2千万人となると膨大としか言えません。選挙は必ず行きますが、正直、自分の一票の価値がどれだけあるか、実感できずに、いつも空しい気持ちでの投票になっているのも事実です。近所の仲間と落ち葉掃きをするときの方が、充実感があるのです。

一人ひとりが社会の課題を自分のこととして考え行動するには、小さな単位が必要でしょう。人の顔が見える仲間としての協同が集まって社会ができ上がっていることが大事です。

拡大を求め、それによって権力を得て、支配することを成功と見た時代は終わりました。小さいこと、それゆえに一人ひとりが駒でなく人間として暮らしていく社会がこれからのありようだと思います。

小さなまとめ

新型コロナウイルスによるパンデミックから学びとれたのは、まず意外にもウイルスは私たちの生き方に深く関わっている存在であることでした。そしてそこから考え始めると、生きものとして生きるという生き方が見えてきました。

ここから先は容易な話ではありませんが、一秒を争う競争の社会とは別の生き方を探るのがこれからの道ではないかと思うのです。

あとがき

新型コロナウイルス・パンデミックは、私たちの個人としての生き方にも、社会のありようにも多くの問いを投げかけました。そこで、さまざまな立場からの発言がなされ、教えられ、考えさせられる日々を過ごしました。

そのような中で、私の専門である「生命誌」にとってこの問題は興味深い視点を与えてくれることに気付きました。そこで、医療、ウイルス学、社会学などさまざまな面からの分析や提言がなされているけれど、生命誌はそれらとは違う、大事な面を浮き彫りにできるのではないかと思うようになりました。

まず、ウイルスは生きものか生きものではないかという通常の問いから離れ、ウイルスそのものを生命誌の中に位置付けていきました。その結果は「動く遺伝子」という答えになりました。

そこからは、ウイルスが存在することで見えてくる生きものの世界のダイナミズムが見えてきました。生きものの世界は分からないことだらけですが、それも含めて面白い、と改めて思いました。一緒に楽しんでいただけましたら幸いです。

科学技術社会は、○か×かで物事を割り切ります。それに合わない生きものの世界は、扱いにくい面倒な対象とされてきました。けれどもそのような社会が自然を壊すことにつながったのであり、人類が存続していこうとするなら、生きものの世界に向き合うことは大切です。

ちょっと訳の分からないところがあり、それゆえに困った存在でもあるけれど、面白い存在でもあるウイルスを通して、生きものとして生きることの意味を考える機会を持てたことをプラスに生かしていきたいものです。

最近、電車の中のマスク姿が減りました。外国からの観光客とおぼしき方の数が急速に増えています。日常が戻ってきたと言ってよいでしょう。けれども、帰宅後、必ず手を洗うこと、換気を心がけることという身についた習慣はこのまま続けていこうと思います。

またウイルスが暴れまわるときが来ないとは限りません。ウイルスはいつもどこかにいるのですから。ウイルスを理解し、的確な振る舞いをしていくのが、生きものとしての人間、賢い生きものなのだと思います。

ウイルスに関心はあるけれど
近くには来ないでほしいと願いながら

中村桂子

二〇二四年二月

中村桂子（なかむら・けいこ）
JT生命誌研究館名誉館長

1936年東京都生まれ。東京大学理学部化学科卒業。同大学大学院生物化学専攻博士過程修了。理学博士。国立予防衛生研究所研究員、三菱化成生命科学研究所人間・自然研究部長、早稲田大学人間科学部教授などを経て、1993年JT生命誌研究館を創設。長年館長を務め、現在は名誉館長。著書に『生命誌とは何か』(講談社学術文庫)、『自己創出する生命』（ちくま学芸文庫／毎日出版文化賞)、『あなたのなかのDNA』（ハヤカワ文庫)、『科学者が人間であること』(岩波新書)、『知の発見「なぜ」を感じる力』(朝日出版社)、『「ふつうのおんなの子」のちから 子どもの本から学んだこと』（集英社)、『こどもの目をおとなの目に重ねて』（青土社)、『生る 宮沢賢治で生命誌を読む』（藤原書店)、『老いを愛づる -生命誌からのメッセージ-』（中公新書ラクレ)、『科学はこのままでいいのかな』(ちくまQブックス）など多数。子ども向けの絵本に『いのちのひろがり』(絵・松岡達英 福音館書店）など。

ウイルスは「動く遺伝子」
2024年5月1日　初版第一刷発行

著　者　中村桂子
発行者　三輪浩之
発行所　株式会社エクスナレッジ
〒106-0032　東京都港区六本木7-2-26
https://www.xknowledge.co.jp/
問合先　編集 TEL 03-3403-6796　FAX 03-3403-0582
販売 TEL 03-3403-1321　FAX 03-3403-1829
info@xknowledge.co.jp